D1931960

Frank Littek, Airliner-Cockpits

Lufthansa

Frank Littek

Airliner-Cockpits

Piloten-Arbeitsplätze aus acht Jahrzehnten

GeraMond

Titelbild: Cockpit der McDonell-Douglas MD II.
Foto: Japan Airlines

Bildnachweis:
Aero Lloyd: 100/101;
Airbus: Industries 35;
Archiv Littek: 9, 107;
Boeing: 42/43, 45, 52/53, 60/61;
British Airways: 80/81, 83;
Condor: 56/57;
Deutsche Lufthansa: 6/7, 10, 11, 13, 14, 15, 16, 18 o., 20/21, 26/27, 32/33, 36/37, 46/47, 64/65, 67, 72/73, 76/77, 78/79, 88/89, 104/105, 108/109, 111, 112/113, 115, 116/117, 119, 120/121, 122/123, 124/125, 126/127, 129, 130/131, 132, 133, 135, 136/137, 138/139, 140/141, 143;
Fairchild/Dornier: 84/85, 87;
Japan Airlines: 96/97;
Littek: 19, 22, 23, 24, 25, 28, 29, 30, 31, 38, 41, 48, 49, 50, 51, 54, 55, 59, 63, 68/69, 75, 91, 95, 103;
LTU: 92/93;
South African Airways: 17, 18 unten, 71;
Swissair: 99

Die Deutsche Bibliothek – CIP-Einheitsaufnahme

Ein Titeldatensatz dieser Publikation ist bei
Der Deutschen Bibliothek erhältlich

ISBN 3-7654-7236-0

© 2002 by GeraMond Verlag
im Hause GeraNova Zeitschriftenverlag GmbH, D-81664 München

1. Auflage 2002

Der Nachdruck, auch einzelner Teile, ist verboten. Das Urheberrecht und sämtliche weiteren Rechte sind dem Verlag vorbehalten. Übersetzung, Speicherung, Vervielfältigung und Verbreitung einschließlich Übernahme auf elektronische Datenträger wie CD-ROM, Bildplatte usw. sowie Einspeicherung in elektronische Medien wie Bildschirmtext, Internet usw. sind ohne vorherige schriftliche Genehmigung des Verlages unzulässig und strafbar.

Lektorat: Peter Pletschacher
Layout: Willy Aschermann
Herstellung: Bettina Schippel
Druck: Sellier Druck GmbH, Freising
Printed in Germany

DER INHALT

DAS COCKPIT

Grundsätzlich lassen sich die Instrumente des Cockpits – gestern genauso wie heute – in folgende Gruppen einteilen:

- Flugüberwachungsinstrumente
- Navigationsgeräte
- Kursteuerungsanlagen
- Triebwerksüberwachungsinstrumente
- Flugwerksüberwachungsgeräte

Die Flugüberwachungsinstrumente zeigen den Piloten die primären Informationen ihres Fluges an. Dazu gehört der Höhenmesser. Er arbeitet, vereinfacht gesagt, nach folgendem Prinzip: Im Höhenmesser befindet sich eine geschlossene Dose oder ein Dosensystem. Steigt das Flugzeug im Flug, nimmt der äußere Luftdruck ab. Die Folge: Die Dose dehnt sich aus. Diese Bewegung wird über ein mechanisches Gestänge auf einen Zeiger übertragen. Dabei ist der Höhenmesser auf eine Standardatmosphäre kalibriert, die in der Praxis allerdings nur selten vorliegt. Um die Abweichung im Alltag zu berücksichtigen – in einem Tiefdruckgebiet würde der Höhemesser zum Beispiel eine zu große Höhe anzeigen – besitzen moderne Höhenmesser eine Kompressiereinrichtung, über die der Höhenmesser entsprechend der tatsächlichen Gegebenheiten korrigiert werden kann.

Ein anderes ganz elementares Flugüberwachungsinstrument ist der Fahrtmesser (ASI). Er zeigt die Geschwindigkeit einer Maschine gegenüber der umgebenden Luft an. Dazu befindet sich an der Außenseite des Flugzeugs, in der Regel im Bugbereich, ein offenes

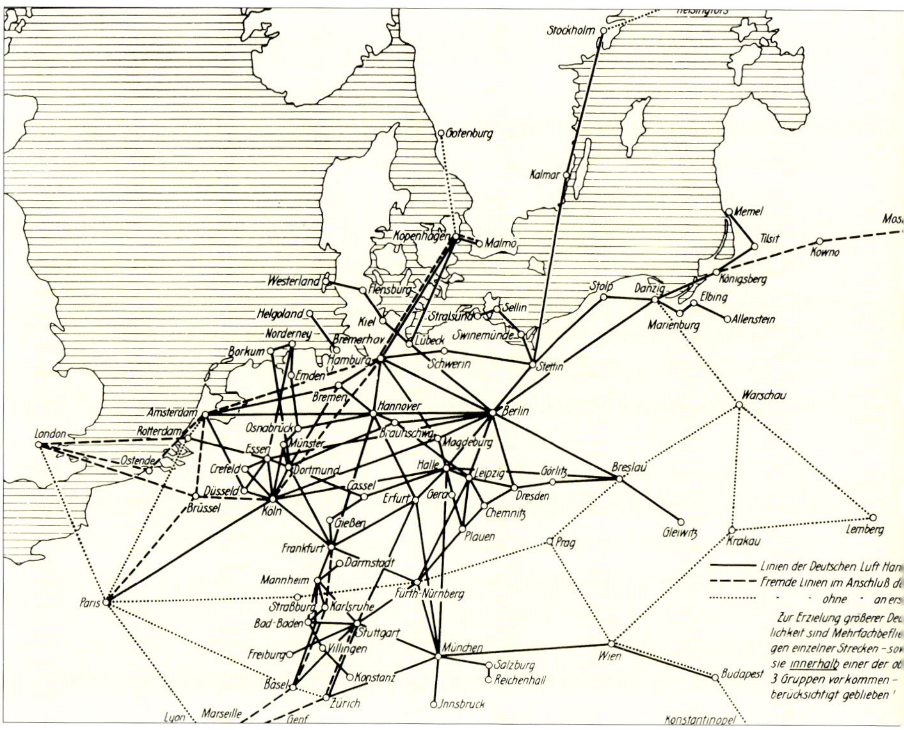

Der Funker in einer Rohrbach Roland II überreicht dem Piloten den über die Langwellenstation aufgenommenen Wetterbericht

Links:
Das Streckennetz der Lufthansa im Sommer des Gründungsjahres 1926 war schon erstaunlich dicht

Rohr, das gegen die Strömung gerichtet ist und den Staudruck der Luft aufnimmt. Dieser wird auf eine Membrandose übertragen, die sich ausdehnt, eine Bewegung, die sich auf einen Zeiger übertragen lässt. Maßeinheit für Geschwindigkeiten im Luftverkehr ist Knoten. Ein Knoten entspricht einer nautischen Meile, das sind 1,852 km. Bei der Angabe der Geschwindigkeit werden unterschiedliche Begriffe verwandt. Der Ground Speed (GS) gibt die Geschwindigkeit einer Maschine über Grund, der True Air Speed (TAS) die wahre Eigengeschwindigkeit gegenüber der Luft an. Was ist der Unterschied zwischen beiden Werten? Ganz einfach: Der Ground Speed zeigt an, mit welcher Geschwindigkeit sich eine Maschine über dem Boden fortbewegt. Fliegt das Flugzeug mit einer Eigengeschwindigkeit von 200 Knoten und weht ihm ein Wind mit einer Geschwindigkeit von 20 Knoten entgegen, beträgt der Ground Speed 180 Knoten. Hat das Flugzeug einen Rückenwind von 20 Knoten beträgt der Ground Speed 220 Knoten. Der True Air Speed dagegen ist schlicht die wahre Eigengeschwindigkeit des Flugzeuges in der Luft. Sie beträgt in den genannten Beispielen 200 Knoten. Befindet sich – um noch ein Beispiel zu nennen – ein Ballon in der Luft, während ein Wind mit einer Stärke von 20 Knoten bläst, hätte der Ballon eine Geschwindigkeit von 20 Knoten über Grund. Seine Eigengeschwindigkeit aber würde bei 0 Knoten liegen. Die Messung der Geschwindigkeit über Staudruckrohre bringt Probleme mit sich. Je höher eine Maschine fliegt, umso dünner wird die Luft. Die geringere Dichte führt dazu, dass die Instrumente eine geringere Geschwindigkeit anzeigen, als es real der Fall ist. Ein Beispiel: Bei einer Außentemperatur von -60 Grad Celsius in einer Höhe von 35000 Fuß beträgt die wahre Eigengeschwindigkeit, der True Air Speed, des Flugzeuges 480 Knoten. Die angezeigte Geschwindigkeit – sie wird auch als Indicated Airspeed (IAS) bezeichnet – aber liegt bei 280 Knoten. Aufgrund dieses Sachverhaltes wird die Geschwindigkeit bei einer Höhe von mehr als 25000 Fuß oder 7500 m als Verhältnis der wahren Eigengeschwindigkeit zur örtlich vorliegenden Schallgeschwindigkeit angegeben. Diesen Wert bildet die Mach-Zahl. Die Geschwindigkeit, die der Schall in der Luft zurücklegt, ist nicht konstant, sondern nimmt zusammen mit der Temperatur ab. Da es in großer Höhe kälter wird als in Bodennähe, liegt die Schallgeschwindigkeit hier auch niedriger. Beträgt die Schallgeschwindigkeit in der Standardatmosphäre in Meereshöhe zum Beispiel 1223 km/h, kann sie in einer Höhe von 30000 Fuß 1090 km/h betragen. Die jeweilige Schallgeschwindigkeit wird immer als Mach 1 bezeichnet. Fliegt eine Maschine mit einer Geschwindigkeit von 0,85 Mach, so bewegt sie sich mit 85 Prozent der Schallgeschwindigkeit fort. In einem modernen Cockpit stehen den Piloten alle gewünschten Geschwindigkeitsdaten zur Verfügung.

Das Variometer stellt ein weiteres elementares Fluginstrument dar. Er ist ähnlich dem Höhenmesser aufgebaut und zeigt Veränderungen in der Flughöhe an. Ganz wesentliche Informationen für die Piloten liefern außerdem Fluglagenanzeiger. Sie stellen die Lage des Flugzeuges bezogen auf den Horizont dar. Das heute bekannteste Instrument dieser Kategorie ist der künstliche Horizont. Bei gutem Wetter mit klarer Sicht kann sich die Besatzung einer Maschine am natürlichen Horizont orientieren. Bei Nacht oder in Wolken ist das aber natürlich nicht möglich. So entstand in der Geschichte der Fliegerei recht schnell Bedarf an Instrumenten, die eine Orientierung im Raum, auch ohne Sicht, ermöglichen. Vor der Erfindung des künstlichen Horizonts mussten sich die Piloten dabei auf Instrumente wie den Libellenneigungsmesser und den Wendeanzeiger verlassen. Beim Libellenneigungsmesser bewegt sich eine Stahlkugel in einer Glasröhre, die mit Dämpfungsflüssigkeit gefüllt ist, und zeigt Lageänderungen des Flugzeuges an. Der Wendeanzeiger basiert auf einem über Unterdruck oder elektrisch betriebenen Kreisel mit horizontaler Achse in der Flugrichtung, der Bewegungen der Maschine um die Hochachse mittels Ausschlag eines Zeigers, des so genannten Pinsels, anzeigt. Das Aufkommen des künst-

Cockpit einer Vickers V 814 „Viscount", einer Maschine, wie sie in den 60er Jahren häufig zu sehen war

lichen Horizonts löste dann diese Instrumente in ihrer Hauptfunktion ab, wobei sich Libellenneigungsmesser und Wendeanzeiger als Zusatzinstrumente auch noch in modernen Cockpits finden.

Auch der künstliche Horizont basiert auf einem Kreisel, der als schnell rotierende Masse immer versucht, seine Lage im Raum beizubehalten. Der künstliche Horizont bildet wesentlich eine Horizontlinie und ein Symbol des Flugzeuges ab. Wie immer sich auch das Flugzeug im Raum bewegt: Die Horizontlinie am Instrument bleibt immer parallel zum wirklichen Horizont ausgerichtet. Das symbolische Flugzeug zeigt zuverlässig die Lage der Maschine zum Horizont an.

Die Triebwerksüberwachungsinstrumente informieren die Flugzeugbesatzung über die Funktion

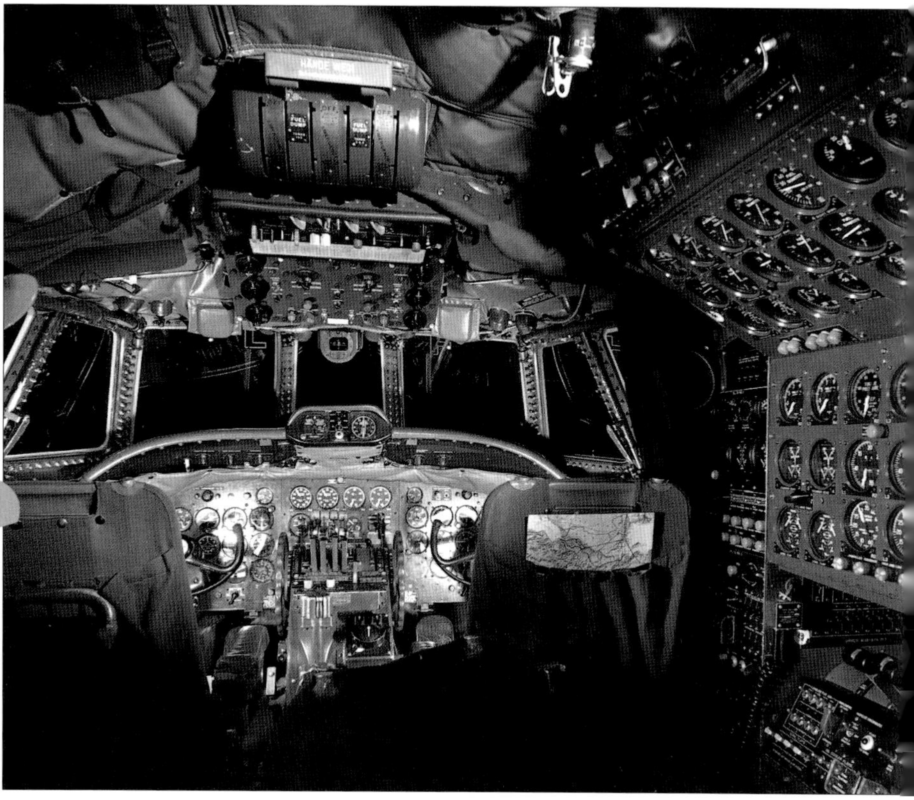

der Motoren. Als Verkehrsflugzeuge noch mit Kolbenmotoren ausgestattet waren, hatten hierbei Drehzahlmesser eine herausragende Bedeutung, zeichneten sich doch Störungen am Motor oft frühzeitig an der Drehzahl ab. Dazu kamen zahlreiche Druckmesser zum Beispiel für die Information über den Kraftstoffdruck, Ladedruck oder Schmierstoffdruck sowie Temperaturmesser und Vorratsanzeigen zum Beispiel für die Kraftstoffvorräte. Mit dem Aufkommen der Düsentriebwerke passte sich das Anzeigenbild den neuen Motorentypen an.

Neben den Informationen über die Motoren hatten Flugzeugbesatzungen seit jeher auch das Bedürfnis, Informationen über das Flugwerk zu erhalten, so zum Beispiel über die Stellung der Landeklappen, der Trimmung oder des Fahrwerks. Die entsprechenden Anzeigen finden sich heute wie gestern in den Cockpits der Verkehrsflugzeuge.

Im Bereich der Navigation spielte in der Frühzeit der Fliegerei natürlich der Kompass eine entscheidende Rolle – und das Fernrohr, da sich die Piloten zu dieser Zeit bei ihren Flügen vor allem am Boden orientierten. Ab Mitte der 30er Jahre verbesserte sich die Situation mit dem Aufkommen der Funknavigation erheblich. Die ersten Geräte waren noch einfach, doch schon eine wesentliche Hilfe für die Flugzeugbesatzungen. Das Prinzip dabei: Am Boden strahlte

In der „Superconny“ (links) hatte sogar der Bedieningenieur Zugriff auf einen Schubhebel

Die DC 10 (rechts) war im Cockpit sehr viel moderner ausgestattet

ein Sender Funksignale ab. Im Flugzeug war auf einem Instrument abzulesen, ob sich die Maschine auf direktem Kurs zum Sender befand oder links und rechts davon abwich.

Bis in die 70er Jahre hinein bildeten Kompass und Funknavigation die hauptsächlichen Navigationshilfen, die der Luftfahrt zur Verfügung standen, bis dann die Trägheitsnavigation hinzukam.

Bei der Ausstattung der Cockpits hinsichtlich der Funk-Navigationsinstrumente muss grundsätzlich zwischen zwei Systemen unterschieden werden: der Navigation nach ungerichteten Funkfeuern und nach UKW-Drehfunkfeuern. Ungerichtete Funkfeuer werden auch als Non-Directional Beacon (NDB) bezeichnet. Bei ihnen handelt es sich in der Regel um Mittelwellen-Sendeanlagen. Im Flugzeug werden deren Signale nach Einwählen der entsprechenden Frequenz einer Anlage auf einem Radiokompass dargestellt, der auch als Automatic Direction Finder (ADF) bezeichnet wird. Eine in einem Kompass angebrachte Nadel zeigt beim Empfang immer in die Richtung, in der sich eine Sendeanlage befindet.

Die Position der Maschine in Bezug auf UKW-Sendeanlagen – sie werden als Very High Frequency Omnidirectional Radio Range (VOR) bezeichnet – wird auf Empfangsgeräten dargestellt, die häufig ebenfalls in ein Kompass-System integriert sind. VOR-Funk-

feuer senden am Boden Signale wie die Speichen eines Rades in alle Richtungen. Im Flugzeug werden diese Signale empfangen und dabei so kodiert, dass auf dem Instrument ablesbar ist, in welchem Winkel oder „Radial" zur Sendestation sich das Flugzeug befindet. Das Radial 180 besagt zum Beispiel, dass sich eine Maschine exakt südlich des Funkfeuers befindet. Folgt sie diesem Radial, wird sie sich der VOR-Sendestation nähern und sie schließlich überfliegen. Anschließend kann das Empfangsgerät auf ein neues Funkfeuer eingestellt und auf dessen Radial weitergeflogen werden. Im Gegensatz zum NDB lässt sich bei der Navigation mittels VOR damit sehr viel präziser die Position zu einem Funkfeuer feststellen.

Ergänzend sind die meisten VOR-Stationen mit DME-Sendern (Distance Measuring Equipment) ausgestattet. Diese übermitteln dem Flugzeug die Entfernung zum jeweiligen Funkfeuer, ein Wert, der ebenfalls im Cockpit angezeigt wird.

Parallel zu diesen Entwicklungen im Bereich der Navigation kam es auch bei den Kurssteuerungsanlagen zu wesentlichen Verbesserungen für die Piloten. Ein Verkehrsflugzeug stundenlang von Hand zu fliegen, ist eine

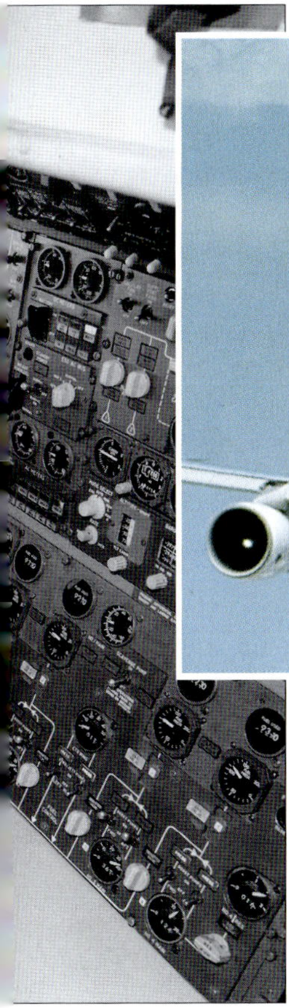

Die Crew einer Boeing B 747-200

Tortur für jeden Piloten und heute ohnehin kaum mehr möglich. Schon früh nahmen die Flugzeugbesatzungen die Erfindung von Flugzeugsteuerungsanlagen daher dankbar auf, die in den 30er Jahren in den ersten Verkehrsflugzeugen Furore machten. Auch hier schritt die Entwicklung schnell voran, brachte automatische Schubregelungssysteme und ließ die Autopiloten auch präzise vorgegebene Steig- und Sinkflüge oder VOR-Kurse abfliegen. Heute ist der Autopilot integraler Bestandteil eines übergeordneten Flight Management Systems (FMS), das auch auf die Navigationssysteme zugreift und das Flugzeug in der Regel zwischen Start und Landung vollautomatisch, sicher und effizient führt. Das normale Zusammenspiel sieht dabei folgendermaßen aus: Vor einem Flug geben die Piloten über die taschenrechnerähnlichen Eingabegeräte in der Mittelkonsole die abzufliegende Flugroute in das FMS ein, so wie sie zuvor im Flugplan aufgestellt wurde. Diese Flugroute wird auf dem Navigations-Bildschirm vor jedem Piloten dargestellt. Während des Fluges schaltet die Crew den Autopiloten auf das FMS auf. Dieser fliegt dann den eingegebenen Kurs ab. Kommt es in Absprache mit den Fluglotsen zu Kursänderungen, zum Beispiel Abkürzungen, was regelmäßig der Fall ist, können die Piloten die Flugstrecke jederzeit manuell modifizieren.

Bei der Navigation hat der Bordcomputer gleichzeitig auf die verschiedenen an Bord vorhandenen Systeme Zugriff und ermittelt anhand der vorhandene Daten möglichst präzise die wahrscheinlichste Position. Dabei greift er automatisch auf die Daten des Trägheitsnavigationssystems, der VOR- und DME-Funkempfänger sowie seit den 90er Jahren auf die Satellitennavigation GPS zurück.

COCKPIT HEUTE

Trotz aller vorhandenen Unterschiede in der Produkt- und Cockpitphilosophie der großen Flugzeughersteller haben sich doch wesentliche Konstruktionsmerkmale herausgebildet, die in den Cockpits aller modernen Verkehrsflugzeuge zu finden sind. Das gilt zum Beispiel für die grundlegende Einteilung des Flugdecks. So sitzt der Kapitän immer auf dem linken Platz im Cockpit, der Copilot rechts von ihm. Zwischen beiden ist das Centre Pedestal, die Mittelkonsole, angeordnet, auf der sich die Schubhebel befinden, die Hebel für Spoiler und Klappen sowie häufig die Trimmräder, Funk- und Kommunikationsgeräte. Beide Piloten blicken auf das Instrumentenbrett. Es wird unterteilt in das Centre Panel in der Mitte, das im wesentlichen die Triebwerksinstrumente beinhaltet sowie das First Officers Panel und das Captains Panel, auf denen die wichtigsten Flugführungsinstrumente angezeigt werden. Heute schauen beide Piloten in ihrem Teil des Instrumentenbretts meist auf zwei Bildschirme, das Primary Flight Display (PFD), das den künstlichen Horizont mit der Anzeige von Geschwindigkeits-, Höhen- und Kursdaten kombi-

Glascockpit eines Airbus A 340

Schubhebel einer Boeing B 747-300 während eines Fluges nach Südafrika

niert sowie das Navigation Display (ND), das vor allem Navigationsinformationen in verschiedenen Darstellungsformen bereit hält. Neben den Bildschirmen sind verschiedene Stand-by-Instrumente als Reserve wie ein zusätzlicher künstlicher Horizont, Fahrtmesser und Höhenmesser angebracht. Außerdem ist hier der Schalter für das Aus- und Einfahren des Fahrwerks vorhanden.

Bei der Anbringung der wichtigsten Flugführungsinstrumente hat sich in vielen Jahrzehnten Luftfahrt weltweit eine Anordnung als optimal herauskristallisiert, die als „T-Form" bezeichnet wird. Im Zentrum des „T" steht dabei der künstliche Horizont. Rechts von ihm ist der Höhenmesser angesiedelt, links von ihm der Fahrtmesser. Unter dem künstlichen Horizont schließlich befindet sich in der klassischen T-Form der Kompass. Diese Anordnung wurde grundsätzlich auch bei der heute üblichen Bildschirmdarstellung auf dem Primary Flight Display beibehalten.

Oberhalb des Instrumentenbrettes ist das Lightshield Panel angeordnet, was im wesentlichen den Autopiloten beinhaltet. Über den Köpfen der Piloten dann findet sich das Overhead Panel, in dem untergeordnete Bedienelemente zu sehen sind. Hier können die Piloten Einstellungen an der Hilfsturbine (APU), am elektrischen System und an der Klimaanlage vornehmen, genauso wie die Crew hier die Fasten-Seat-Belt-Leuchten in der Kabine aktiviert, den Zugriff auf die Flugzeugbeleuchtung hat oder Schalter für den Triebwerksstart bedienen kann.

Mit einem Besuch im Cockpit hat schon manche Pilotenkarriere begonnen

AIRLINER HEUTE: AIRBUS A 320

AIRBUS A 320

Wie kaum ein anderes Flugzeug zuvor, sorgte der Airbus A 320 schon während seiner Entwicklung in der Öffentlichkeit, aber auch in der Fachwelt, für heftige Diskussionen. Der Grund: Bei der Auslegung dieses Flugzeuges, das am 22. Februar 1987 seinen Erstflug absolvierte, setzten die europäischen Flugzeugbauer konsequent auf die neueste zur Verfügung stehende Technik und brachen mit einigen grundsätzlichen bestehenden Konzeptionen im Flugzeugbau.

Die revolutionäre neue Auslegung der Maschine spiegelt sich auch und ganz besonders im Cockpit wieder. Im Zentrum der neuartigen Airbus-Herangehensweise steht die Übermittlung der Pilotenbefehle an die Steuerorgane der Maschine. Zieht der Pilot in einem konventionell ausgestatteten Flugzeug an der Steuersäule, wird dieser Steuerwunsch auf mechanischem Weg zu den Stellmotoren an den Steuerflächen des Flugzeuges übertragen. Die Übertragung erfolgt über Seilzüge und Umlenkrollen. Auf diese Mechanik verzichtete Airbus weitgehend. Im A 320 wird der Steuerwunsch des Piloten in elektrische Signale umgewandelt, die dann über Kabel – englischsprachig „wire" – an die Stellmotoren übertragen werden. Für dieses Prinzip bürgerte sich der Name Fly-by-Wire ein. Da der nötige Kraftaufwand für die Piloten deutlich geringer ist als bei einer konventio-

Ein Airbus A 320
im Landeanflug auf
Palma de Mallorca

Der Copilot gibt
in diesem A 319
Flugdaten in den
Bordcomputer
seiner
Maschine ein

Der Sidestick
eines Airbus A 319

nellen Steuerung, verzichtete Airbus konsequent auf den Einbau einer massiven Steuersäule und stattete das Cockpit stattdessen mit einem kleinen Steuerorgan, dem Sidestick, aus. Das schuf im engen Cockpit Platz, zum Beispiel für Ablagen der Piloten. Ein weiterer Vorteil des Fly-by-Wire-Prinzips liegt in der Gewichtseinsparung, die je nach Flugzeug zwischen 200 und 400 kg beträgt. Bei einem Airbus A 320 bringt das pro Jahr eine Ersparnis von 25000 Liter Kerosin. Nachteil der neuen Technologie: Bei einem konventionell ausgestatteten Flugzeug bewegen sich die Steuersäulen entsprechend der Bewegungen des Flugzeuges mit und geben den Piloten damit immer einen unmittelbaren Eindruck von den Bewegungen, die das Flugzeug gerade vollführt. Ist – um ein Beispiel zu nennen – einer der Piloten gerade in das Kartenstudium oder den Flugplan vertieft, wird er trotzdem kontinuierlich über die Steuersäule darüber auf dem Laufenden gehalten, was das Flugzeug, der Autopilot oder sein Kollege auf dem Nebensitz gerade machen. Das kann in Notfallsituationen entscheidend sein. Diese Informationen vermittelt der Sidestick nicht. Airbus hat das Fly-by-Wire-Prinzip konsequent zu Ende gedacht. Wenn die Übermittlung der Steuerbefehle ohnehin auf elektrischem Weg erfolgt, ist es natürlich auch möglich, die Signale von einem Computer bearbeiten zu lassen, bevor sie die Steuerflächen erreichen. Im A 320 berücksichtigt der Bordcomputer neben den Steuereingaben der Piloten zusätzlich Informationen aus dem Flugdatenrechner und aus dem Fluglage- und Richtungs-

Der Schubhebel in einem Airbus A 319

Die Bedienelemente für den Autopiloten

Navigation Display (links) und Primary Flight Display (rechts) vor dem Platz des Copiloten

referenzsystem. Im Flugalltag führt der Bordcomputer die Steuerbefehle der Piloten natürlich aus, gleicht sie dabei aber mit den vorhandenen anderen Daten ab und gibt sie nur insoweit an die Steuerorgane weiter, dass ein Überschreiten bestimmter, fest definierter Fluglimits nicht mehr möglich ist. Die Maschine kann – theoretisch – nicht mehr in einen kritischen Flugzustand geflogen werden. Um möglichen Computerausfällen vorzubeugen, ist der A 320 gleich mit fünf Bordcomputern ausgestattet, die sich in einem komplizierten Verfahren gegenseitig kontrollieren und gegebenenfalls auch allein alle Aufgaben erfüllen können. Nach der Entwicklung des A 320 folgten die Modelle A 319, A 321 und A 318, die mit einem identischen Cockpit ausgestattet sind. Dieses präsentiert sich großzügig, äußerst übersichtlich und aufgeräumt.

Dass es darüber hinaus kaum vom Cockpit der sehr viel größeren Modelle A 340 und A 330 zu unterscheiden ist, bildet ein weiteres Merkmal der Airbus Philosophie. Piloten können nach nur geringem Schulungsaufwand zwischen den Maschinen wechseln.

Copilot Jochen Höing gibt vor dem Start in das FMS die Streckendaten seines Flugs von Bremen nach Kos und Rhodos ein

DIE DATEN

Airbus A 320-200

Spannweite (m):	**34,1**
Länge (m):	**37,6**
Höhe (m):	**11,8**
max. Startgewicht (t):	**73,5**
max. Reisegeschwindigkeit (km/h):	**840**
Reichweite (km):	**4800**
Besatzung Cockpit:	**2**
typische Passagierbelegung:	**150**
Triebwerke:	**2 x CFM 56-5A1 mit 111,20 kN Schub**
Treibstoffverbrauch (l/h):	**2900**

AIRBUS A310

START 2
ALT SEL
HDG SEL
082
45
D-AIAM MJ-EP
FLT CTL
9 VU

AIRBUS A 310

Schon ein Blick ins Cockpit eines Airbus A 310 oder A 300 macht eines deutlich: Die Maschine unterscheidet sich wesentlich von den anderen Flugzeugmustern, die die europäischen Flugzeugbaucr im Angebot haben. Während sich die Cockpits des kleinen Airbus A 320 und des großen A 340 zum Verwechseln ähneln, weist das Flugdeck der Modelle A 310 und A 300 dazu deutliche Unterschiede auf. Das ist natürlich kein Wunder, denn die Modelle A 310 und A 300 wurden sehr viel früher als die beiden anderen Flugzeugfamilien von Airbus konzipiert. Der A 300 war das erste Airbus-Modell überhaupt. Er absolvierte am 28. Oktober 1972 seinen Erstflug und begründete den Erfolg des Airbus-Konsortiums. Das erste Modell, das als Prototyp in Form von zwei Maschinen hergestellt wurde, war

Ein Airbus A 310 auf dem Flughafen Amman in Jordanien

der A 300 B1. In den Verkauf ging die Version -B2. Der -B4 stellte bereits eine Weiterentwicklung mit einem zusätzlichen Kraftstofftank im Tragflächenmittelteil dar. Am 3. April 1982 absolvierte der Airbus A 310-200 seinen Erstflug, ein Modell, das Airbus aus dem A 300 entwickelte. In der Folgezeit brachten die europäischen Flugzeugbauer schließlich die Modelle auf den Markt, die heute zumeist zu sehen sind, wenn Flugzeuge dieser Modellreihe auf deutschen Flughäfen starten und landen: den Airbus A 300-600 und den Airbus A 310-300. Auch wenn die Flugzeugfamilie mittlerweile in die Jahre gekommen ist, werden auch heute noch Maschinen bei Airbus geordert. Im August 2001 bestellte zum Beispiel die Fluggesellschaft Japan Air System (JAS) drei nagelneue A 300-600.

Schubhebel und die Bedienelemente für die Speedbrakes (links) und die Flaps/Slats in einem Airbus A 310

Das Cockpit der Maschinen war für die Zeit, in der es entwickelt wurde, ausgesprochen revolutionär. Es enthält schon wesentliche Features, die auch heute im Cockpit von moderneren Typen enthalten sind. So ist das Cockpit mit sechs Bildschirmen ausgestattet. Wie beim A 320 oder A 340 wird das gesamte System der Informationsdarstellung als Electronic Instrument System (EIS) bezeichnet und besteht aus zwei Untersystemen, dem Electro-

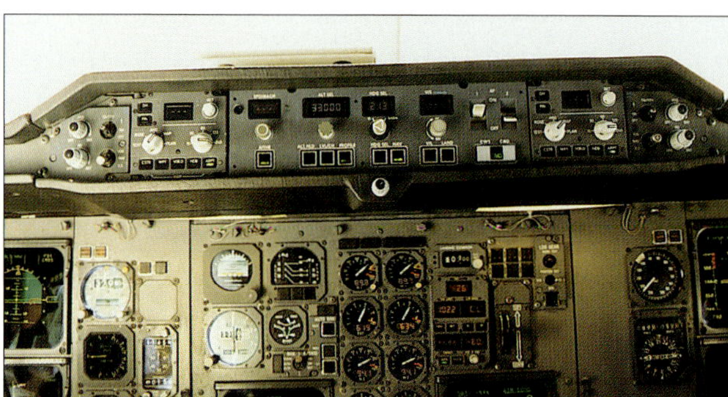

Primäre Instrumente vor dem Platz des Kapitäns

Bedienelemente für den Autopiloten

nic Flight Instrument System (EFIS), das die Anzeige der primären Fluginstrumente und der Navigation beinhaltet sowie dem Electronic Centralized Aircraft Monitor System (ECAM), das den Zustand der Triebwerke und zahlreicher Flugzeugsysteme ausweist.

Es gibt zwei ECAM-Monitore, die sich in der Mitte des Instrumentenbretts befinden. Direkt vor beiden Piloten sind zwei EFIS-Bildschirme angeordnet, außen jeweils das Primary Flight Display (PFD), innen das Navigation Display (ND). Das PFD weist vor allem den künstlichen Horizont und die Geschwindigkeit aus, das ND den abzufliegenden Kurs. Zahlreiche konventionelle Rundinstrumente ergänzen die Bildschirme und führen damit zu einem Nebeneinander von Rund-

Die Triebwerks-instrumente auf dem Center Panel

instrumenten und Monitoren, wie das für die Zeit, in der diese Airbus-Modelle entwickelt wurden, typisch ist. Die Anordnung des Autopiloten im Lightshield Panel sowie die Auslegung der Mittelkonsole entsprechen den üblichen Standards. Rechts vom Schubhebel befindet sich der unverkennbare Hebel für die Einstellung der Slats- und Flaps, also der bei Starts und Landungen nötigen Auftriebshilfen an der Vorder- und Rückseite der Tragflächen. Diese fahren bei Schalterbetätigung zusammen in verschiedenen Stufen aus. Wird der Hebel in die erste Stufe zurückgezogen, bewegen sich die Slats auf die Stellung 15, die Flaps sind noch eingezogen. In der zweiten Stellung bleiben die Slats auf 15, die Flaps fahren ebenfalls auf die Stellung 15 aus. In der dritten Position des Hebels rasten Slats und Flaps an den Tragflächen beide in der Stellung 20 ein. In der Endstellung des Hebels – wenn es im Cockpit heißt „Flaps full" – befinden sich die Vorflügel in Stellung 30 und die Hinterkantenklappen in Stellung 40.

DIE DATEN

Airbus A 310-300

Spannweite (m):	**43,9**
Länge (m):	**46,7**
Höhe (m):	**15,8**
max. Startgewicht (t):	**150**
Reisegeschwindigkeit (km/h):	**860**
Reichweite (km):	**8050**
Besatzung Cockpit:	**2**
typische Passagierbelegung:	**220**
Triebwerke:	**2 x GE CF6-80C2A2 mit 238 kN Schub**
Treibstoffverbrauch (l/h):	**5250**

AIRBUS A 340

AIRBUS A 340

Wer das Cockpit eines Airbus A 340 betritt, wird kaum einen Unterschied zum Flugdeck der sehr viel kleineren Maschinen der A-320-Flugzeugfamilie entdecken. Der einzige Unterschied, der schon auf den ersten Blick ins Auge fällt, sind die vier Schubhebel, die sich auf der Mittelkonsole zwischen den Piloten befinden. Der Airbus A 320 hat zwei.

Sind die Bildschirme auf dem Instrumentenbrett in Betrieb, lassen sich dort natürlich die Anzeigen für vier Turbinen erkennen. Schon beim A 330 werden diese Unterschiede aber hinfällig, denn dieses Flugzeug hat bei der Größe des A 340 ebenfalls zwei Triebwerke wie der kleinere A 320. Beide Maschinen sind die derzeit jüngsten und größten Flugzeugentwicklungen von Airbus.

Der Airbus A 340 absolvierte seinen Jungfernflug am 25. Oktober 1991, der A 330 am 2. November 1992. Das Cockpit präsentiert sich dem Betrachter ausgesprochen großzügig und aufgeräumt. Das Instrumentenbrett wird von sechs großen Bildschirmen dominiert. Das gesamte System, das die Darstellung der Informationen ermöglicht, wird von Airbus als Electronic Instrument System (EIS) bezeichnet. Es besteht aus zwei Untersystemen, dem Electronic Flight Instrument System (EFIS), das die Anzeige der primären Fluginstrumente und der Navigation umfasst und das Electronic Centralized Aircraft Monitor System (ECAM), das den Zustand der Triebwerke und zahlreicher Flugzeugsysteme ausweist.

Direkt vor beiden Piloten befinden sich zwei EFIS-Bildschirme, außen jeweils das Primary Flight Display (PFD), innen das Navigation Display (ND). Das PFD zeigt im Zentrum einen künstlichen Horizont. Auf einer Skala links davon wird die Geschwindigkeit der Maschine, auf einer Skala rechts die Höhe angezeigt. Unter dem künstlichen Horizont ist ein Kompass mit Kursmarke angeordnet. Auf dem Navigationsbildschirm lässt sich die zuvor in den Bordcomputer eingegebene Flugroute als Abfolge von Luftstraße und Waypoints ablesen. Die Crew kann ganz nach Bedarf verschiedene Darstellungsmodi abrufen. Im Rose-Mode befindet sich das Flugzeug in der Bildmitte, im ARC-Mode ist das Symbol für das Flugzeug am unteren Rand des Bildschirms angeordnet, die abzufliegende Flugroute wird davor eingeblendet.

Die Besatzung hat je nach Modus die Möglichkeit, weitere Daten einblenden zu lassen. Das kann zum Beispiel die Darstellung des korrekten Kurses auf dem ILS-Landessystem sein, das Wetterradar oder auch die verfügbaren Flughäfen und Funkfeuer in der Umgebung. In einem zusätzlichen Plan-Mode lässt sich der gesamt Flugplan über den Bildschirm scrollen, wobei immer der jeweils ausgewählte Waypoint im Zentrum der Darstellung steht.

Ganz nach Wunsch der Crew kann die jeweils ausgewählte Darstellung herangezoomt werden, so dass zum Beispiel nur ein Ausschnitt von 20 Meilen vor oder um

A 340 bei einer Landung auf der neuen Piste in Funchal/Madeira

die Maschine gezeigt wird oder weggezoomt, so dass zum Beispiel 240 Meilen sichtbar sind. Die Eingabe der Daten, die auf dem Bildschirm angezeigt werden, erfolgt über Eingabegeräte, Multi Purpose Control Display Units (MCDU), auf der Mittelkonsole zwischen den Piloten. Hier geben die Piloten vor dem Flug die gewünschte Flugroute ein. In den Maschinen der neuesten Generation von Boeing wie der B 777, der B747-400 oder der B 737-800 ist das im Prinzip nicht anders.

Die Darstellung der ECAM-Informationen erfolgt im A 340 auf zwei übereinander angeordneten Bildschirmen auf dem Instrumentenbrett zwischen den Piloten. Zwischen den EFIS-Bildschirmen des Kapitäns und den ECAM-Anzeigen sind die Reserveinstrumente angeordnet. Von rechts nach links und von oben nach unten: Fahrtmesser, Höhenmesser, künstlicher Horizont und VOR/DME-Anzeiger. Zwischen ECAM-Bildschirmen und EFIS-Displays des Copiloten befinden sich: Fahrwerkskontrollanzeigen, Fahrwerkshebel, Bremsdruckanzeige und eine Uhr.

DIE DATEN

Airbus A 340-300	
Spannweite (m):	**60,30**
Länge (m):	**63,70**
Höhe (m):	**16,80**
max. Startgewicht (t):	**260**
Reisegeschwindigkeit (km/h):	**860**
Reichweite (km):	**12000**
Besatzung Cockpit:	**2**
typische Passagierbelegung:	**295**
Triebwerke:	**4 x CFM56-5C2 mit 138,78 kN Schub**
Treibstoffverbrauch (l/h):	**8300**

FLUGDECK IN AKTION

IM COCKPIT EINES A 340 VON FRANKFURT NACH CHICAGO

17.55 Uhr an einem Freitag im September auf dem Frankfurter Flughafen: Auf der Startbahn 18 rollt ein Airbus A 340-300 der Deutschen Lufthansa vom Vorfeld kommend zum Start ein. Zahlreiche Bildschirme und Instrumente flimmern in einer im ersten Moment unübersehbar wirkenden Vielzahl auf dem Instrumentenbrett vor den beiden Piloten, deren Blick in diesem Moment immer wieder zwischen den Instrumenten und der Startbahn, die sich vor ihnen in ihren ganzen Länge ausbreitet, hin- und herhuscht. Das Flugzeug hat soeben vom Tower die Startfreigabe erhalten. Noch summen die Triebwerke ruhig vor sich hin. Doch schon in wenigen Sekunden werden sie ihre volle Kraft entfalten und die in diesem Moment 249 t schwere Maschine auf eine Geschwindigkeit von fast 300 km/h beschleunigen. Ein Moment höchster Beanspruchung für die Technik. Nicht ohne Grund schiebt Flugkapitän Jens. J. Olthoff die Schubhebel rechts neben sich zunächst ganz langsam nach vorn, während Copilot Jens Ahrens die Anzeigeinstrumente für Temperatur und Drehzahl der Düsen argwöhnisch beobachtet. Doch es liegt kein Grund zur Beunruhigung vor: Die Anzeige für alle vier Turbinen laufen gleichmäßig hoch und zeigen genau die Werte, die sie in diesem Moment anzeigen sollen. Auch Olthoff ist zufrieden. Jetzt schiebt er die Schubhebel ganz nach vorn. Die Turbinen heulen auf. Zunächst langsam, fast behäbig setzt sich das Flugzeug in Bewegung, um dann immer schneller weiter zu beschleunigen.

Die Maschine ist 144 Knoten schnell, als der Ruf „Go“ im Cockpit ertönt. Der Ausruf des Copiloten markiert die Geschwindigkeit, ab der das Flugzeug nicht mehr innerhalb der verbleibenden Länge der Startbahn zum Stehen gebracht werden kann. Selbst bei einem Notfall müsste die Maschine nun in jedem Fall starten.

„Rotate“ meldet schon einen Augenblick später die Stimme des Copiloten das Erreichen der zuvor von den Piloten ausgerechnete Abhebegeschwindigkeit. Das Flugzeug ist nun 153 Knoten schnell, das sind 283 km/h. Kapitän Olthoff zieht ganz leicht am Sidestick, dem kleinen Steuerknüppel, der sich im Airbus links vor ihm befindet. Langsam und majestätisch hebt sich die Maschine in die Luft. Flug LH 432 ist jetzt airborne. An Bord befinden sich

217 Passagiere. Für sie und die Crew hat der acht Stunden und zwanzig Minuten dauernde Flug nach Chicago begonnen.

Kapitän Jens J. Olthoff fliegt seit Anfang der 70er Jahre für die Lufthansa und gehört zu den ganz besonders erfahrenen Ausbildungskapitänen der Airline. Während dieses Fluges nach Chicago wird er als Pilot Flying fungieren und damit innerhalb des Cockpit-Teams vor allem die fliegerischen Aufgaben übernehmen. Copilot Jens Ahrens wechselte vor rund einem Jahr von der Condor, wo er A 320 flog, zur Lufthansa. Er ist als Pilot Not Flying zum Beispiel für die Abwicklung des Funkverkehrs zuständig. Auf dem Rückflug werden beiden Piloten diese Rollen tauschen. Chef der Kabinenbesatzung während dieses Fluges ist Purser Dirk Hüttemann. Das Gewicht der Maschine beim Start betrug 249 Tonnen. 77 Tonnen davon sind Kerosin. Kapitän Olthoff rechnet mit einem Verbrauch von 61 Tonnen und hat eine großzügige Reserve kalkuliert, da in Chicago möglicherweise mit schweren Gewitterstürmen zu rechnen ist. Und die können das Fliegen langwieriger Warteschleifen oder auch den Flug zu einem Ausweichflughafen nötig machen.

Nach 30 Minuten erreicht die Maschine die vorläufige Reiseflughöhe von 33000 Fuß. Der Flug führt dabei

Airbus A 340
der Lufthansa

zunächst in einer Rechtskurve über Luxemburg nach Frankreich. Von dort fliegt der Airbus über den englischen Kanal auf den Atlantik hinaus. Die an diesem Tag gewählte Flugroute über dem Nordatlantik verläuft entlang des 50. Breitengrades. Hier sind an diesem Tag die Wetter- und Windbedingungen für den Flug am günstigsten. Während sich die Flugroute über dem Festland an feststehenden Luftstraßen orientiert, fliegt die Maschine über dem Nordatlantik auf einem Track nach Westen. Diese Tracks ähneln den Luftstraßen über den Landflächen, werden aber anders als diese zweimal täglich aufgrund der vorherrschenden Wetterbedingungen neu festgelegt. Es gibt sechs ungefähr parallele Kurse, die sich von Eintrittspunkten an der britischen und irischen Küste bis zu Punkten an der kanadischen Küste erstrecken und umgekehrt. Die Tracks werden durch Buchstaben des Alphabets gekennzeichnet. Die Tracks Alpha, Bravo, Charlie, Delta, Echo und Foxtrott führen von Europa nach Amerika, wobei Track Alpha immer der nördlichste ist. In umgekehrter Richtungen

Kapitän Jens J. Olthoff (rechts) und Copilot Jens Ahrens bei der Flugvorbereitung in der Lufthansa-Basis in Frankfurt

Beim Außencheck ist ein Blick auf die Triebwerke obligatorisch

heißen die Tracks Uniform, Victor, Whiskey, X-Ray, Yankee und Zulu. Bei der Route, auf der die Lufthansa-Maschine nach Chicago fliegt, handelt es sich um einen so genannten Non Standard Track – theoretisch eine individuelle Flugroute, die aber in diesem Fall, wie Copilot Jens Ahrens auf einen Blick sieht, bis auf einen kleinen Teil am Schluss vollständig mit Track Delta übereinstimmt. Für den gesamten Reiseflug erwartet die Crew anhand der Vorhersagen ruhiges Wetter. Nur über dem Atlantik wird die Maschine ein Tiefdruckgebiet kreuzen. Die Wolken sollen bis auf Reiseflughöhe hinaufreichen.

Navigiert wird der Airbus über das so genannte Flight Management System (FMS), das heute zur Standardausstattung in modernen Verkehrsflugzeugen gehört. In eines der taschenrechnerähnlichen Eingabegeräte des FMS auf der Mittelkonsole hat der Copilot vor dem Flug die Wegstrecke von Frankfurt nach Chicago als Abfolge von Luftstraßen und Waypoints eingegeben, während der Kapitän parallel dazu das Flugzeug bei einem Außencheck auf sichtbare Schäden untersucht hat. Die Eingabe der Flugroute in das FMS kann sich beispielhaft und vereinfacht wie folgt gestalten: Zunächst werden der Abflughafen und die vorgesehene Startbahn sowie der Zielflughafen und die wahrscheinliche Landebahn in den Bordcomputer eingegeben. Die Flughäfen haben dabei Kürzel aus vier Buchstaben, Frankfurt zum Beispiel EDDF. Es folgt die Eingabe der Abflugroute von der Startbahn des Flughafens, sie wird als Standard Instrument Departure (SID) bezeichnet und der Anflugroute zur Landebahn des Zielflughafen, der Standard Terminal Arrival Route (STAR). Dass letztgenannte dabei sehr wahrscheinlich nicht zur Anwendung kommen wird, ist den Piloten schon bei der Flugvorbereitung klar. Auf vielen großen internationalen Flughäfen der Welt, gerade in den USA, werden die Maschinen im Endanflug meist individuell durch die Anweisungen der Fluglotsen geführt.

Nach der Eingabe von SID und STAR wird die dazwischenliegende Reiseroute eingegeben.

Diese Strecke fliegt die Maschine jetzt ab. Um die gewünschte Route einzuhalten, greift der Bordcomputer auf ganz unterschiedliche Navigationssysteme zurück, die gleichzeitig arbeiten, deren Daten er immer wieder miteinander vergleicht und so mit größtmöglicher Präzision den Standort der Maschine ermittelt. Eine wesentliche Rolle spielt dabei die Satellitennavigation GPS, bei der die Maschine ihre Standortposition mittels Satellitendaten ermittelt. Andere Navigationsmittel sind die Trägheitsnavigation und die Daten von VOR-Funksendern, die natürlich nur beim Flug über Landflächen oder in Küstennähe empfangen werden.

Die Präzision, mit der heute selbst auf Langstrecken navigiert wird, ist erstaunlich. In der Regel fliegen Verkehrsflugzeuge genau in der Mitte einer Luftstraße. Als eine Boeing der Fluggesellschaft United Airlines die Lufthansa-Maschine in größerer Höhe auf derselben Luftstraße überholt, befindet sie sich exakt oberhalb der Linie, auf der der Airbus fliegt, und das, obwohl die Luftstraße eine Breite von bis zu 18 km hat.

BOEING B 717

AUTO FLIGHT
PITCH
TAKEOFF
T/O CLAMP
ACTIVE

BOEING B 717

Auf deutschen Flughäfen lässt sich die Boeing B 717 bisher nur selten sehen. Zu gering ist diese neue Maschine aus den USA bisher in Europa verbreitet.
Landet dann doch eines der kleinen Flugzeuge auf einem Airport in der Bundesrepublik, dürften nur wenige Betrachter sie überhaupt als neues Flugzeug wahrnehmen, denn optisch sieht die B 717 den Flugzeugen der MD-80-Flugzeugfamilie von McDonnell Douglas und auch der älteren DC 9 täuschend ähnlich.

Das ist natürlich kein Zufall, denn die B 717 stellt nichts anderes als eine Weiterentwicklung dieser bewährten Flugzeuge dar. Auch wenn das Flugzeug heute als Maschine von Boeing verkauft wird, leistete den Großteil der Entwicklungsarbeit der Flugzeughersteller McDonnell Douglas vor der Verschmelzung mit dem Boeing-Konzern. Das Flugzeug sollte als MD 95 die Reihe der in die Jahre gekommenen, aber erfolgreichen, MD-80-Serie fortführen. Gegenüber der MD 87 wurde der Rumpf um 1,45 m verlängert.

Die Tragflächen entsprechen weitgehend noch denen der DC 9 Sie wurden aber im Detail gründlich überarbeitet und verbessert und mit einer stärkeren Pfeilung versehen. McDonnell Douglas startete das MD-95-Programm am 19. Oktober 1995. Die Maschine hob am 2. September 1998 zu ihrem Erstflug ab und wurde am 23. September 1999 erstmals an die US-Fluggesellschaft Air Tran ausgeliefert. In Deutschland erreichte die Maschine schon in der Entwicklungsphase einen gewissen Bekanntheitsgrad, weil sie mit deutschen Triebwerken von BMW-RollsRoyce ausgestattet wird, die in Dahlewitz bei Berlin gefertigt werden. Die Turbinen sind leiser und schadstoffärmer als die Düsen der DC 9, bieten rund 23 Prozent mehr Leistung bei um 10 Prozent geringeren Betriebskosten und machen rund 20 Prozent des gesamten Flugzeugwertes aus.

Auch sonst sind am Bau dieses Flugzeuges sehr viele europäische Firmen beteiligt, so die Unternehmen Alenia aus Italien (Flugzeugrumpf), Labinal aus Frankreich (Verkabelung und Hilfsenergieaggregate), Smith Industries aus Großbritannien (EDV-Syteme und Stand-by-Ausstattung) und Fischer Advanced Composite Components aus Österreich (Innenausstattung).

Im Cockpit präsentiert sich die B 717 aufgeräumt und übersichtlich wie nur wenige Verkehrsflugzeuge. Die Steuerung erfolgt – boeingtypisch – über große Steuersäulen vor den Piloten auf konventionellem Weg. Die B 717 ist also kein Fly-by-Wire-Flugzeug. Zwischen beiden Piloten auf der Mittelkonsole sind Schubhebel, die Hebel für die Landeklappen und – dahinter – die Bedienelemente und Anzeigen für die Funkgeräte angeordnet.

Ebenfalls auf der Mittelkonsole, aber vor den Schubhebeln befinden sich die bei modernen Flugzeugen obligatorischen Eingabe-

Boeing B 717 im Reiseflug

geräte für das Flight Management System.

Das Instrumentenbrett wird von sechs großen Flüssigkristall-Bildschirmen dominiert. Die Darstellungsmöglichkeiten und die Einteilung entsprechen den heute üblichen Standards der Anordnung der Triebwerksinstrumente in der Mitte und der Anzeige der primären Fluginformationen auf den äußeren Displays. Wie seit langem üblich füllt auch in der B 717 der Autopilot mit seinen Anzeigen und Bedienelementen das Lightshield Panel aus.

DIE DATEN

Boeing B 717

Spannweite (m):	**28,45**
Länge (m):	**37,81**
Höhe (m):	**8,92**
max. Startgewicht (t):	**51,7**
Reisegeschwindigkeit (km/h):	**933**
Reichweite (km):	**2535**
Besatzung Cockpit:	**2**
typische Passagierbelegung:	**106**
Triebwerke:	**2 x BR 715 mit 82,3 kN Schub**

B 737 CLASSIC

B 737 CLASSIC

Auch wenn es andere Flugzeuge gibt, die größer, schneller und beeindruckender sind, darf doch die Boeing B 737 ein Attribut auf jeden Fall für sich verbuchen: Sie ist das am häufigsten gebaute und verkaufte Düsenverkehrs-Flugzeug der Welt. Kaum ein internationaler Flughafen, auf dem die B 737 heute nicht regelmäßig zu sehen ist.

Die Erfolgsgeschichte dieser Maschine begann in den 60er Jahren, als Boeing mit dem Entwurf einer kleinen zweistrahligen Maschine begann. Die erste Variante war die B 737-100, die am 9. April 1967 zu ihrem Erstflug startete

B 737 mit ausgefahrenen Landeklappen und Fahrwerk kurz vor dem Aufsetzen

und am 10. Februar 1968 bei der Deutschen Lufthansa in den Liniendienst ging. Bei der Konstruktion lehnte sich Boeing stark an bestehende Entwicklungen an, übernahm den Rumpfquerschnitt der erfolgreichen Modelle B 707 und B 727 und konzipierte das neue Flugzeug so, dass schließlich 60 Prozent der Bauteile der B 727 übernommen werden konnten. Gleichzeitig beschritt der US-Her-

„Gear down": Mit diesem Hebel wird das Fahrwerk betätigt

Center Panel einer B 737-300 der Deutschen BA mit den Triebwerksinstrumenten. Das Rundinstrument rechts davon gibt die Klappenstellung an

steller für diese Zeit aber auch ungewohnte Wege. So platzierten die Flugzeugbauer die Triebwerke unter den Tragflächen. Sonst war zu dieser Zeit das Heck der bevorzugte Anbringungsort. Daneben verzichtete Boeing darauf, die Düsen an Pylonen aufzuhängen, sondern befestigte sie direkt an der Tragfläche, was den Luftwiderstand senkte und es ermöglichte, das Fahrwerk kurz zu halten. Der Verkauf des neuen Flugzeugs als -100 lief nicht besonders erfolgreich an. Das sah bei der -200 schon ganz anders aus. Diese Variante hatte Boeing fast zeitgleich entwickelt. Sie hob am 8. August 1967 zu ihrem Erstflug ab, war 193 cm länger und konnte damit 12 Fluggäste mehr befördern. Die

Eingabegerät für das FMS

Höhenmesser (links) und Variometer (darunter) gehören vor dem Platz des Kapitäns zu den primären Fluginstrumenten

Boeing B 737-200 entwickelte sich schnell zu einem Schlager, der Siegeszug dieses Flugzeugmusters begann. In den 80er Jahren brachte Boeing eine grundlegend modernisierte zweite Generation der B 737 auf den Markt. Die erste Maschine, die B 737-300 hob am 24. Februar 1984 erstmals zu ihrem Jungfernflug ab. Die -400 und -500 folgten. Optisch unterscheiden sich diese Maschinen von den -100 und -200 vor allen anhand der Triebwerke, die bei der zweiten Generation einen sehr viel größeren Durchmesser haben. Im Cockpit der Maschine begannen ganze Generationen von frischgebackenen Piloten nach der Ausbildung als 1. Offiziere ihren Dienst im

normalen Linienverkehr. Das Flugdeck einer typischen Maschine, der B 737-300, wie sie sich bei der Lufthansa im Einsatz befindet, ist eng, funktionell, aber durchaus nicht ohne Charme ausgestattet. Es dominieren Rundinstrumente. Direkt vor den Piloten sind aber auch schon zwei Bildschirme angeordnet.

Die B 737 der zweiten Generation stellt damit vom Cockpit her ein Übergangsmuster zwischen älteren Flugzeuggenerationen wie der B 707 und den neuesten Typen wie der B 777 oder dem Airbus A 320 dar. Der obere Bildschirm, der Attitude Director Indicator (ADI) bildet wesentlich den künstlichen Horizont ab, weist daneben aber auch Fluggeschwindigkeit und Höhe aus. Beim Bildschirm darunter handelt es sich um den Horizontal Situation Indicator (HSI) der der Besatzung vor allem Navigations-Informationen bietet. Links von den Bildschirmen befinden sich von oben nach unten ein Fahrtmesser und eine ADF-Anzeige, rechts davon Höhenmesser und Variometer.

Links: Künstlicher Horizont (oben) und Navigationsbildschirm in einer B 737-300
Rechts: Mit dieser Fingerbewegung schnallt der Copilot „seine" Passagiere an

DIE DATEN

Boeing B 737-400

Spannweite (m):	**28,90**
Länge (m):	**36,40**
Höhe (m):	**11,10**
Startgewicht (t):	**60**
Reisegeschwindigkeit (km/h):	**800**
max. Reichweite (km):	**3810**
Besatzung Cockpit:	**2**
typische Passagierbelegung:	**141**
Triebwerke:	**2 x CFM56-3C1 mit 97,9 kN Schub**
Treibstoffverbrauch (l/h):	**2850**

BOEING B 737-800

EMERGENCY
ESCAPE ROPE

BOEING B 737-800

In den 90er Jahren wurde immer stärker der Bedarf nach einem Nachfolgemodell der nun in die Jahre gekommenen zweiten Generation der Boeing B 737 deutlich. Boeings Antwort war die Entwicklung der „Next-Generation", der Modelle -600, -700, -800 und -900.

Als erste Variante der dritten 737-Generation absolvierte die -700 am 9. Februar 1997 ihren Jungfernflug. Die Veränderungen, die Boeing an der B 737 vorgenommen hatte, waren äußerlich kaum zu sehen. Die Flugzeuge der neuen Baureihen erhielten neue, größere Tanks, was die Reichweite beträchtlich erhöht und modernere Triebwerke die leiser sind, als die Düsen der Vorgänger-Baureihe, gleichzeitig weniger Schadstoffe produzieren und einen geringeren Verbrauch aufweisen. Die wichtigste Veränderung aber betraf die Tragflächen. Boeing konstruierte sie völlig neu. Sie wurden gegenüber den Flügeln der Vorgängermodelle um 5 m gestreckt und verfügen außerdem um 50 cm mehr Tiefe. Im Mai 2001 wertete sie Boeing noch einmal auf, als eine erste mit 2,4 m hohen Winglets ausgestattete -800 bei der Fluggesellschaft Hapag-Lloyd in den Dienst ging. Das Cockpit der Maschinen innerhalb der Next-Generation-Modellreihe sieht identisch aus. Es ist boeingtypisch mit zwei großen Steuersäulen ausgestattet. Diese vollziehen – anders als die Sidesticks in Airbus-Maschinen – jede Steuerbewegung des Flugzeuges mit, auch wenn der Autopilot das Flugzeug führt. Abgesehen von diesem gemeinsamen Merkmal mit den Maschinen der Classic-Reihe präsentiert sich die Next Generation ansonsten deutlich zeitgemäßer. Die Anlehnung an das Cockpit der Boeing B 777 ist nicht zu übersehen. Wie bei der Triple Seven dominieren auch im Cockpit der neuen 737-Maschinen sechs große Bildschirme das Bild, fünf davon befinden sich auf dem Instrumentenbrett vor den Piloten. Die Auslegung ist mit der in der B 777 vergleichbar. Auf dem mittleren Bildschirm auf dem Instrumentenbrett zwischen beiden Piloten, sind die Triebwerksinstrumente untergebracht. Die äußeren Bildschirme geben ergänzend zum zentral ein-

Die beiden Bildschirme vor dem Kapitän

Eine B 737-800 im Landeanflug

geblendeten künstlichen Horizont primäre Flugdaten wie die Geschwindigkeit und Flughöhe wieder. Daneben befindet sich das Navigation Display, auf dem die Flugstrecke als Abfolge von Waypoints darstellbar ist. Hier kann sich die Crew auf Wunsch auch die Informationen des Wetterradars einblenden lassen. Diese unterlegen dann farbig den weiteren Streckenverlauf. Aus der Darstellung lässt sich sofort erkennen, ob der weitere Kurs der Maschine mögliche Schlechtwettergebiete kreuzen wird.

Normale Wolken werden auf dem Bildschirm gelb oder grün dargestellt, extrem schlechtes Wetter, wie es zum Beispiel bei Gewittern auftritt, ist in roter Farbe zu sehen. Das Radargerät, das die zugrundeliegenden Daten erfasst, befindet sich in der Nase der Verkehrsflugzeuge. Es sieht wie eine auf der Seite stehende Salatschüssel aus und wird hinter der Bugverkleidung ständig von Elektromotoren in langsamer Bewegung nach rechts und links geschwenkt. Dabei sendet das Gerät Radarstrahlen in den Bereich vor der Maschine aus.

Die in Wolkenformationen enthaltenen winzigen Wassertröpfchen reflektieren diese Radarstrahlen, wodurch diese für das System sichtbar werden.

DIE DATEN

Boeing B 737-800

Spannweite (m):	**34,3**
Länge (m):	**39,50**
Höhe (m):	**12,5**
max. Startgewicht (t):	**79**
Reisegeschwindigkeit (km/h):	**853**
Reichweite (km):	**5444**
Besatzung Cockpit:	**2**
typische Passagierbelegung:	**162**
Triebwerke:	**CFM 56-7 mit bis zu 121 kN Schub**

BOEING B 757/B 767

BOEING B 777

Am 12. Juni 1994 startete als bedeutendste Neuentwicklung von Boeing der vergangenen Jahre die B 777 zu ihren Erstflug. Als erstes Flugzeug von Boeing ist die Triple Seven mit Fly-by-Wire-Technologie ausgestattet, einer Technik, auf die Konkurrent Airbus seit Einführung des A 320 konsequent setzt.

Während die B 777 bei Boeing in Sachen Fly-by-Wire bisher allein steht und dieses Prinzip auch bei Modellen, die später ihren ersten Flug absolvierten wie der B 717 oder der neuen 737-Generation, keine weitere Verwendung fand, setzte die Triple Seven bei der Ausstattung von Kabine und Cockpit Maßstäbe, die fortan für alle Modelle von Boeing galten. So kündigte Boeing für die B 767-400, die Weiterentwicklung der 767-Baureihe an, diese Maschine werde in Cockpit und Kabine in Zukunft den Standard der 777 bieten. Gleiches gilt für die Überarbeitung der B 747-400.

Die Übernahme der Konzeption der B 777 hat natürlich einen Grund: In der Kabine ist die Triple Seven ein äußerst komfortables, großzügig ausgelegtes Flugzeug, das die Passagiere schon beim Einsteigen durch ein offenes, helles und freundliches Ambiente zu beeindrucken weiß. Im Cockpit präsentiert sich das neue Parademodell aus USA ebenfalls großzügig, übersichtlich und aufgeräumt und repräsentiert in der technischen Auslegung heute das, was technisch machbar ist. Zur Ausstattung gehören sechs große Bildschirme, die sich vor den Piloten befinden. In ihrem direkten Blickfeld sind jeweils Primary Flight Display (PFD) und Navigation Display (ND) angeordnet. Das PFD zeigt im Zentrum den künstlichen Horizont, daneben Angaben zur Geschwindigkeit und Höhe der Maschine. Das ND bildet in verschiedenen, von den Piloten frei wählbaren Darstellungsmodi die abzufliegende Flugstrecke ab.

Zwischen beiden Piloten befindet sich das EICAS-Display. EICAS steht dabei für Engine Indication and Crew Alerting System. Auf diesem Bildschirm werden Daten der Triebwerke sowie Warnhinweise für die Besatzung eingeblendet. Zwischen dem EICAS-Bildschirm und dem Schubhebel auf der Mittelkonsole ist ein weiterer Bildschirm angeordnet, das Multi-Function Display (MFD). Er bildet sekundäre Triebwerksinformationen wie die Öltemperatur ab. Auf dem MFD können sich die Piloten zudem weitere Informationen zum Beispiel über die Elektrik, Hydraulik, Kabinen- und Cargotüren oder das Kraftstoffsystem anzeigen lassen. Eine Besonderheit: Auf dem MFD kann die Besatzung auch Checklisten abrufen, zum Beispiel für das Verhalten in Notfallsituationen wie dem Brand eines Triebwerkes.

Rechts und links des MFD sind die beiden Eingabegeräte für das Flight Management System (FMS) angeordnet. Über die Tastatur geben die Piloten vor dem Flug die gewünschte Flugroute ein.

B 777 von Continental Airlines

Diese wird anschließend auf dem Navigation Display dargestellt. Eine Besonderheit der B 777 stellt auch das Anlassen der Triebwerke dar, das Boeing bei diesem Flugzeug gegenüber anderen, älteren Modellen wesentlich vereinfacht hat.

Im Autostart-Modus muss die Besatzung zum Anlassen der Turbinen lediglich im Overhead Panel über ihren Köpfen den Schalter für die Zündung eines gewünschten Triebwerkes auf Start schalten und gleichzeitig den Schalter für die Kraftstoffkontrolle, er befindet sich hinter dem Schubhebel, auf „Run“ stellen.

Alles weitere erledigt der Bordcomputer, der auch auf mögliche Störungen selbständig reagiert. Insbesondere im Fall von Fehlfunktionen ist gerade bei älteren Flugzeugtypen ein sehr viel intensiverer Arbeitsaufwand der Cockpitcrew gefragt.

DIE DATEN

Boeing B 777-300	
Spannweite (m):	**60,90**
Länge (m):	**73,90**
Höhe (m):	**18,50**
max. Startgewicht (t):	**299**
max. Reisegeschwindigkeit (km/h):	**925**
Reichweite (km):	**10370**
Besatzung Cockpit:	**2**
typische Passagierbelegung:	**394**
Triebwerke:	**2 x GE 90, 2 x RollsRoyce Trent 800, 2 x PW 4000 mit je bis zu 436 kN Schub**

BOEING B 747-200

BOEING B 747-200

Als Boeing am 30. September 1968 die B 747 der Öffentlichkeit vorstellte, war das eine Revolution. Ein so großes Passagierflugzeug, das schon bald in großer Stückzahl gebaut werden sollte, hatte die Welt bis dahin nicht gesehen. Kein Wunder, dass diese Maschine die Öffentlichkeit polarisierte. Es gab begeisterte Anhänger dieses neuen Flugzeugtyps, die dessen Start im Linienverkehr enthusiastisch begrüßten. Und es gab entschiedene Gegner. An vielen Orten in der Welt wurden die Landungen der ersten Jumbos von teilweise heftigen Demonstrationen begleitet.

Neu und revolutionär an diesem Flugzeug war vor allem seine Größe. Gegenüber den bisher im Einsatz befindlichen Langstreckenmaschinen wie der Boeing B 707 konnte die neue B 747 wesentlich mehr Passagiere befördern. Damit erhöhte sich weltweit die Passagierkapazität, die im Luftverkehr zur Verfügung stand, beträchtlich. Die Konsequenz: Innerhalb kürzester Zeit sanken die Preise für Flugtickets erheblich. Die Demokratisierung des Fliegens, die mit der B 707 begonnen hatte, setzte sich mit einem kräftigen Schub weiter fort.

Von nun an wurden Reisen mit dem Flugzeug für breite Schichten der Bevölkerung erschwinglich. Gleichzeitig trat die Boeing B 747 einen Siegeszug an, den bei der Entwicklung der Maschine wohl niemand für möglich gehalten hätte.

Das Flugdeck der Boeing B 747-200 mit seinen klassischen, großen Rundinstrumenten, den zahllosen Schaltern und Hebeln ist sicher eines der schönsten Cockpits, die je gebaut wurden. Vor beiden Piloten finden sich die wichtigsten Instrumente in der klassischen „T-Form", wie sie sich in der Geschichte als am sinnvollsten herausgestellt hat. Im Zentrum der Anordnung liegt der Fluglagenanzeiger mit dem künstlichen Horizont. Links davon ist der Geschwindigkeitsmesser angeordnet, rechts davon der Höhenmesser und darunter der Kompass. Links vom Copiloten, vor der Mittelkonsole mit den Schubhebeln, befindet sich der Hebel für das Fahrwerk – eine Anordnung die bei den meisten Flugzeugen weltweit auch bei moderneren Typen und auch bei Maschinen von Airbus so wiederkehrt.

Zwischen beiden Piloten auf dem Instrumentenbrett lassen sich dann die Daten für die vier Triebwerke ablesen. Die Darstellung erfolgt auf 16 kleineren Rundinstrumenten, die zu einem Viereck angeordnet sind. In vier Reihen nebeneinander sind jeweils übereinander vier Instrumente, die zu einem Triebwerk gehören, angeordnet. Die oberste Instrumentenreihe bildet die EPR-Anzeige jedes Triebwerkes. Sie zeigt den Schub an, den die Turbinen des Flugzeugs entwickeln. EPR steht dabei für Engine Pressure Ratio Indicator. Die Instrumente geben den Verdichtungsgrad der Turbine dar. Die Größe des Schubs ist das Verhältnis zweier Drücke in der Düse, des Abgasdrucks und des Lufteintrittsdrucks.

Unter normalen Bedingungen und vollem Schub wird das EPR bei einem Rolls-Royce-Triebwerk RB 211-524 zum Beispiel 1,63 anzeigen.

Die Rundinstrumente darunter geben die Umdrehungszahlen des Kompressors wieder. Da sie bei über 20000 U/min liegen können, erfolgt die Anzeige in Prozent der maximalen Umdrehungszahl. Der Wert wird als N1 bezeichnet. Im Reiseflug beträgt die N1-Geschwindigkeit um die 90 Prozent. Beim Start kann sie bei über 100 Prozent liegen.

Die Rundinstrumente darunter zeigen die Abgastemperatur und den Kraftstoffdurchfluss in kg pro Stunde an. Hinter den Piloten angeordnet befindet sich der Arbeitsplatz des Flugingenieurs.

An diesem sind Treibstoffanzeigen, Instrumente für die Hydraulikkreisläufe, die Steuerelemente für Klimaanlage und Drucksystem sowie für die Elektrik des Flugzeuges angeordnet.

Ein B747-200-Frachter wird beladen

DIE DATEN

Boeing B 747-200

Spannweite (m):	**59,6**
Länge (m):	**70,6**
Höhe (m):	**19,3**
max. Startgewicht (t):	**374,8**
Reisegeschwindigkeit (km/h):	**895**
max. Reichweite (km):	**12150**
Besatzung Cockpit:	**3**
typische Passagierbelegung:	**366**
Triebwerke:	**4 x PW JT9D, 4 x GE CF6-50E, RollsRoyce RB211-524D4 mit jeweils bis zu 243,2 kN Schub**
Treibstoffverbrauch (l/h):	**13500**

BOEING B 747-300

Cockpit einer B 747-300 von South African Airways

Steuersäule vor dem Platz des Kapitäns (links) und des Copiloten (rechts)

Am 28. März 1983 ging bei der Fluggesellschaft Swissair die B 747-300 als Nachfolgemodell der äußerst erfolgreichen B 747-200 zum ersten Mal in den Liniendienst, ein Flugzeug, das mit 81 ausgelieferten Maschinen letztlich nicht an den Erfolg der B 747-200 anknüpfen konnte und schon 1989 von der weitaus erfolgreicheren B 747-400 abgelöst wurde.

Aber nicht nur vom Verkaufserfolg her stellte die -300 immer ein Übergangsmodell zwischen der -200 und der -400 dar. Auch technisch bildet die -300 eine Brücke zwischen den Modellen. So ist die Maschine schon mit dem verlängerten Oberdeck ausgestattet, das später auch zum markanten Merkmal der -400 werden sollten. Die später so charakteristischen Winglets an den Tragflächenenden fehlen aber noch.

Diese Entwicklung spiegelt sich auch im Cockpit wider, das allerdings grundsätzlich noch weit mehr Ähnlichkeit mit der Steuerzentrale der älteren -200 aufweist als mit der späteren – 400. Wie die -200 wird auch die -300 noch mit einem dritten Besatzungsmitglied im Cockpit, dem Flugingenieur, geflogen.

Die -300 ist eine der letzten Maschinen, bei der die Bezeichnung Flugdeck für den Arbeitsplatz der Piloten noch seine volle Berechtigung hat. Wer das Cockpit betritt, ist zunächst von der Größe beeindruckt. Das Flugdeck präsentiert sich langgezogen und verwinkelt, ohne dabei allerdings wirklich geräumig zu sein. Trotz der Länge geht es eng zu, ragen überall

Schalter, Knöpfe, Hebel und Schaltkästen von den Wänden und Decken in das Cockpit hinein. Hinter den beiden Piloten ist der Arbeitsplatz des Bordingenieurs angeordnet, der wie in der B 747-200 auf eine mächtige Schalttafel blickt.

Überall dominieren klassische Rundinstrumente und robuste Mechanik. Die Schubhebel befinden sich zwischen beiden Piloten, rechts davon ist der Hebel für das Bedienelement der Landeklappen zu sehen. Der entsprechende Hebel wird vor Start oder Landung in die gewünschte Stellung zurückgezogen. Vor den Piloten sind die üblichen Rundinstrumente wie der künstliche Horizont, Geschwindigkeits- und Höhenmesser angeordnet. Zwischen und vor ihnen wurden die Anzeigen für die Triebwerke angeordnet. Sie dokumentieren schon eine Veränderung gegenüber der -200.

Während beim älteren Jumbo auch hier klassische Rundinstrumente zum Einsatz kommen, verwendete Boeing bei der -300 erstmals in der 747 stabförmige Instrumente. Optisch findet sich diese Art der Darstellung auch in der späteren B 747-400 wieder. Auch hier werden wesentliche Leistungsdaten der Triebwerke stabförmig dargestellt.

Allerdings erfolgt in diesem Flugzeugmuster die Darstellung auf Bildschirmen. Einen solchen sucht der Betrachter im Cockpit der -300 lange, wenn auch, wie bei anderen Flugzeugtypen älteren Baudatums ebenso, nicht ganz vergebens. Im seitlichen äußeren

und unteren Bereich des Cockpits, in der Nähe der Knie der Piloten finden sich kleine Bildschirme. Auf ihnen kann die Darstellung des Wetterradars und der Anzeige des Kollisionswarngerätes TCAS erfolgen.

Bei der Navigation kommt in diesem Flugzeugmuster noch kein GPS zur Anwendung. Auf Langstrecken – das übliche Einsatzgebiet der -300 – basiert die Navigation im wesentlichen auf der Trägheitsnavigation. Die

B 747-300 im Flug

B 747-300 ist mit drei Systemen zur Trägheitsnavigation ausgestattet. Eingabegeräte und die zu den Geräten gehörenden kleinen Anzeigen jeweils für Kapitän und Copilot sind auf der Mittelkonsole, unterhalb der Triebswerksinstrumente und des Fahrwerkshebels angeordnet.

Optisch erinnern sie bereits an die Eingabegeräte für das Flight Management System, die sich in der B 747-400 später an dieser Stelle befinden.

DIE DATEN

Boeing B 747-300

Spannweite (m):	**59,6**
Länge (m):	**70,6**
Höhe (m):	**19,3**
max. Startgewicht (t):	**374,8**
Reisegeschwindigkeit (km/h):	**910**
max. Reichweite (km):	**11720**
Besatzung Cockpit:	**3**
typische Passagierbelegung:	**412**
Triebwerke:	**4 x PW JT9D mit je 243,2 kN Schub**

BOEING B 747-400

BOEING B 747-400

Als die Boeing B 747-400 am 9. Februar 1989 bei Northwest Airlines in den Liniendienst ging, stellte sie den größten Entwicklungsschritt dar, den Boeing bisher in der 747-Baureihe vollzogen hatte. Zahlreiche, teilweise massive Veränderungen brachte der US-Hersteller gegenüber den Vorgängermodellen zur Anwendung.

So wurden die Tragflächen gänzlich neu konstruiert. Boeing verlängerte die Spannweite um 3,66 m. An den Spitzen der Tragflächen installierten die Flugzeugbauer die optisch sehr prägnanten, 1,83 m hohen Winglets, die sich insbesondere auf den Kerosinverbrauch des Modells sehr günstig auswirken. Durch den Einbau zusätzlicher Tanks in den Höhenflossen konnte die Reichweite der B 747-400 gegenüber der -300 und -200 noch einmal deutlich gesteigert werden.

Der Einsatz von neu entwickelten Carbonbremsen, Reifen mit dünnerem Profil sowie einer neuen Metalllegierung aus Aluminium und Lithium diente dazu, das Gewicht der Maschine in Grenzen halten.

Der vielleicht grundlegendste Bruch mit der Auslegung der Vorgängermodelle aber vollzog sich im Cockpit. Die B 747-400 wurde als erster Jumbo mit einem Zwei-Piloten-Cockpit ausgestattet. Ein Arbeitsplatz für den Flugingenieur ist in diesem Modell nicht mehr vorhanden. Auch von der Instrumentierung des Cockpits her dokumentiert die -400 einen radikalen Sprung gegenüber der Ausstattung in den Vorgängermodellen -200 und -300. Statt der klassischen Rundinstrumente dominieren in der B 747-400 vor den Piloten großflächige Bildschirme die Optik.

Insbesondere die Displays tragen wesentlich zu dem aufgeräumteren Eindruck bei, den das gesamte Cockpit auf den Betrachter vermittelt. Die beiden äußeren Bildschirme, die Kapitän und Copilot auf dem Instrumentenbrett vor sich sehen, sind identisch. Bei dem äußeren Bildschirm handelt es sich um das Primary Flight Display (PFD). Es zeigt groß und zentral den künstlichen Horizont an. Links davon weist eine Zahlenskala die Geschwindigkeit der Maschine aus.

Auf der rechten Seite des künstliche Horizonts wird auf einer anderen Zahlenskala die aktuelle Höhe ausgewiesen. Der Bildschirm neben dem Primary Flight Display ist das Navigation Display (ND). Auf ihm lässt sich unter anderem die Flugroute ablesen, die die Piloten zuvor über die Eingabegeräte in das Flight Management System (FMS) eingegeben haben.

Zwischen den beiden Piloten befindet sich im Instrumentenbrett ein weiterer Bildschirm, der damit zentral angeordnet ist. Er zeigt wesentliche Daten der Triebwerke an. Zwischen diesem Monitor und dem Navigation Display des Kapitäns sind noch künstlicher Horizont, Geschwindigkeits- und Höhenmesser als Rundinstrumente angeordnet. Sie dienen als unabhängige Stand-By-Instrumente der zusätzlichen Sicherheit.

Oberhalb des Instrumentenbretts ist, wie in den meisten anderen modernen Verkehrsflugzeugen auch, der Autopilot installiert, der während des Fluges auf das FMS aufgeschaltet wird und den zuvor von der Besatzung eingegeben Kurs abfliegt, aber jederzeit auch manuelle Eingaben zulässt.

Im vorderen Bereich der Mittelkonsole sind die in modernen Verkehrsflugzeugen heute obligatorisch gewordenen taschenrechnerähnlichen Eingabegeräte für das FMS zu sehen.

Auf ihnen geben die Piloten vor dem Flug die Flugstrecke ein. Dahinter befinden sich die Schubhebel für die vier Triebwerke sowie rechts daneben der Hebel für die Landeklappen.

Eine B 747-400 von Garuda

DIE DATEN

Boeing B 747-400	
Spannweite (m):	**64,44**
Länge (m):	**70,67**
Höhe (m):	**19,51**
max. Startgewicht (t):	**385,6**
max. Reisegeschwindigkeit (km/h):	**920**
Reichweite (km):	**13480**
Besatzung Cockpit:	**2**
typische Passagierbelegung:	**416**
Triebwerke:	**4 x GE CF6-80C2B1F mit 257,6 kN Schub, 4 x PW 4056 mit 252,5 kN Schub, 4 x RB 211-524G mit 258kN Schub**
Treibstoffverbrauch (l/h):	**12500**

BOEING B 727

Wer heute eine Boeing B 727 sehen oder gar mit ihr fliegen will, wird in Deutschland sehr wahrscheinlich lange auf eine entsprechende Gelegenheit warten müssen. Auf bundesdeutschen Airports, in ganz Europa, ist das Flugzeug nur noch selten zu sehen. Das sieht in den USA noch anders aus. Hier gehört die Maschine immer noch zum alltäglichen Bild auf den meisten großen Flughäfen.

Die B 727 ist einer der ganz großen Klassiker unter den zivilen Verkehrsflugzeugen und hat sich gerade unter den Piloten einen erstklassigen Ruf erworben. Viele der erfahrenen Kapitäne, die heute zum Beispiel einen Airbus A 340 fliegen, haben in den 70er Jahren ihre Pilotenlaufbahn auf der B 727 begonnen.

Der Erstflug der Boeing B 727 fand am 9. Februar 1963 statt. Äußerlich ist die Maschine leicht zu erkennen. Sie wird von drei Triebwerken angetrieben, die alle am Heck montiert sind. Aufgrund der „sauberen" Tragfläche ohne daran montierte Düsen und der langgestreckten Silhouette wirkt die B 727 sehr elegant. Ein herausragendes Merkmal waren bei der Entwicklung die Tragflächen, die ein für die damalige Zeit neuartiges, sehr leistungsfähiges System von Auftriebshilfen, also Klappen und Vorflügel, aufwiesen. Damit ausgestattet wurde die B 727 äußerst vielseitig einsetzbar. Im Reiseflug, mit eingefahrenen Auftriebshilfen, ist die Maschine optimal für hohe Geschwindigkeiten ausgelegt. Gleichzeitig ermöglichen die Auftriebshilfen Landungen selbst auf kleinen Flughäfen mit relativ kurzen Landebahnen. So wunderte es letztlich nicht, dass sich das Flugzeug für Boeing zu einem Verkaufsschlager entwickelte. In Deutschland stand die Maschine bis zum Herbst 1992 in den Dienste der Deutschen Lufthansa, die ihr erstes Flugzeug dieser Reihe am 21. Februar 1964 in Seattle übernahm. Im Cockpit ist die Zeitepoche, in der das Flugzeug entwickelt wurde, nicht zu übersehen.

Die B 727 gehört noch zu den Flugzeugen, die mit Bordingenieur geflogen werden. Dem Betrachter präsentiert sich auf dem Flugdeck ein „Uhrenladen", wie er klassischer nicht sein könnte. Die grundsätzliche Verteilung der Instrumente entspricht den üblichen Standards, die sich teilweise bis heute erhalten haben, mit der Anordnung der primären Fluginstrumente direkt vor den Piloten und den Anzeigen für die Triebwerke in der Mitte des Instrumentenbretts. Der Hebel für das Fahrwerk zwischen Triebwerksinstrumenten und primären Fluginstrumenten des Copiloten ist genau an der Stelle zu finden, an der er auch in sehr viel moderneren Maschinen wie der Boeing B 777 oder dem Airbus A 320 angeordnet ist. An der Mittelkonsole sind rechts und links der Schubhebel die großen Trimmräder zu erkennen. Während eines Fluges sollte sich ein Flugzeug immer in einem ausbalancierten Zustand befinden. Es muss seine Lage beibehalten, ohne dass der Pilot dazu ständig einen Druck auf das Höhenruder ausüben muss. Ansonsten befindet es sich in einer kopflastigen oder schwanzlastigen Lage. Ob sich eine Maschine im Gleichgewicht befindet oder nicht, hängt ganz wesentlich vom Auftrieb und Gewicht ab, die während des Fluges selten zusammenwirken. Allein schon durch den Treibstoffverbrauch aus den an unterschiedlichen Positionen im Flugzeug angebrachten Tanks ändert sich das Gleichgewicht einer Maschine ständig. Dieses Problem wird

B 727 in den Diensten der Lufthansa

durch eine bewegliche Höhenflosse gelöst, deren Anstellwinkel sich so ändern lässt, dass ein Ausgleich des Ungleichgewichts möglich ist. Moderne Düsenverkehrsflugzeuge werden meist automatisch vom Autopiloten getrimmt. Durch einen kleinen Schalter an der Steuersäule können die Piloten die Trimmung auch manuell vornehmen. In beiden Fällen drehen sich die beiden Trimmräder zwischen den Piloten entsprechend der vorgenommenen Trimmung.

DIE DATEN

Boeing B 727	
Spannweite (m):	**32,91**
Länge (m):	**46,69**
Höhe (m):	**10,36**
max. Rollgewicht (t):	**86,6**
max. Reisegeschwindigkeit (km/h):	**965**
max. Reichweite (km):	**4020**
Besatzung Cockpit:	**3**
typische Passagierbelegung:	**189**
Triebwerke:	**3 x PW JT8D mit je 68,9 kN Schub**

CONCORDE

AIR INTAKES
BRAKES TEMP

3 Stunden und 50 Minuten braucht die Concorde für einen Flug von London nach New York. Eine Reisezeit, die gerade für Geschäftsreisende ein so gutes Argument für die Nutzung der Maschine darstellt, dass die Auslastung der Concorde auch in den nächsten Jahren sichergestellt sein dürfte.

Nur zum Vergleich: Beim Flug mit einem Jumbo muss der Passagier rund 8 Stunden Flugzeit für die Reise kalkulieren. Auch wenn die Geschwindigkeit der Concorde – die Maschine fliegt im Reiseflug 2200 km/h – unter den in Dienst stehenden zivilen Verkehrflugzeugen einzigartig herausragt, ist sie natürlich trotzdem technisch nicht mehr auf dem neuesten Stand, was sich insbesondere auch im Cockpit widerspiegelt.

Entwickelt wurde die Concorde in den 60er Jahren als französisch-britisches Gemeinschaftsprojekt der Firmen Aerospatiale und British Aerospace. Die Entwicklung dauerte 14 Jahre. Am 2. März 1969 hob die Maschine zum Jungfernflug ab, aber erst am 21. Januar 1976 ging die Concorde für die Fluggesellschaften Air France und British Airways in den Liniendienst. Während für die Concorde zunächst Flüge nach Rio de Janeiro, Bahrain, Washington und Fernost im Flugplan standen, musste die Zahl der Reiseziele mit den Jahren immer mehr eingeschränkt werden, da zahlreiche Staaten extrem hohe Überfluggebühren für Concorde-Flüge verlangten, andere den Einsatz der Maschinen in ihrem Luftraum ganz untersagten. Schließlich blieb nur noch New York als Destination der regulären Linienflüge übrig, eine Stadt, die sich zu Beginn der Concordeflüge besonders heftig gegen das Flugzeug gesperrt hatte.

Um die Überschallflüge der Concorde zu ermöglichen, ist ein extrem hoher Kraftstoffverbrauch nötig. Im Reiseflug verbrauchen die Triebwerke der Maschine pro Stunde 25629 Liter Kerosin. Nur zum Vergleich: Ein Airbus A 340-300 kommt mit 8300 Liter aus. Hatten während der Entwicklungszeit der Maschine zahlreiche Fluggesellschaften Interesse am Kauf der Concorde angemeldet und sah es zunächst so aus, als würde das Flugzeug in großer Stückzahl verkauft werden können, leitete die Ölkrise von 1973 eine Kehrtwende ein. Bis auf British Airways und Air France zogen alle Airlines ihr Kaufinteresse wieder zurück. Schließlich wurden insgesamt von der Concorde nur 20 Flugzeuge gebaut.

Für British Airways und Air France aber ist der Einsatz der Concorde heute auch wirtschaftlich lohnend geworden. Fast auf allen Flügen sind die Maschinen zu über 80 Prozent ausgelastet. Über dem Atlantik fliegt die Maschine in einer Höhe von 18000 m. Die normale Reiseflughöhe für Verkehrsflugzeuge liegt bei 12000 m. Das Cockpit der Concorde ist auf jeden Fall einen Besuch wert. Es herrschen klassische Rundinstrumente vor.

Geflogen wird mit einer Crew von drei Besatzungsmitgliedern,

für den Betrieb der Maschine ist ein Bordingenieur nötig, der seinen Arbeitsplatz hinter dem Sitz des Copiloten hat. Die Navigation erfolgt mit Trägheitsnavigationssystemen, deren Eingabegeräte sich auf der Mittelkonsole zwischen den Piloten befinden.

Eine Besonderheit der Maschine macht sich auch im Cockpit bemerkbar: Aufgrund der im Reiseflug entstehenden Reibungshitze streckt sich die Zelle um 25 cm, eine Dehnung, die unter anderem zwischen zwei Geräten im Bereich des Bordingenieurs sichtbar wird. Während des Fluges lässt sich eine Hand zwischen die Geräte schieben. Am Boden ist das nicht mehr möglich.

Die Concorde bei der Landung

DIE DATEN

Concorde	
Spannweite (m):	**25,56**
Länge (m):	**62,13**
Höhe (m):	**12,22**
max. Startgewicht (t):	**185**
Reisegeschwindigkeit (km/h):	**2200**
Reichweite (km):	**6723**
Besatzung Cockpit:	**3**
typische Passagierbelegung:	**100**
Triebwerke:	**4 x Rolls-Royce/Snecma Olympus 593 mit jeweils 170 kN Schub**
Treibstoffverbrauch (l/h):	**25629**

DORNIER Do 328

OXYGEN
PRESSURIZATION
LAND ELEV
AUTO / MAN
MAN CAB ALT
CAB DUMP
ELECTRIC
ENGINE
START
INT - LIGHT - DIM
LDG GEAR
AIRCRAFT IS LIMITED ACC.
THE FLIGHT TESTING OPERATION INSTRUCTIONS
POSITION INIT
MAX. CABIN
DIFFERENTIAL
PRESSURE
FOR LANDING
RADIO CALL
D - BALL
NWS
HIGH
IDLE
CUT
OFF
PARK
MAX

DOUGLAS DC 10

D-ADGO
DC
10

DOUGLAS DC 10

Wer das Cockpit der Douglas DC 10 betritt, ist im ersten Moment vor allem über eines erstaunt: die großen Fensterflächen und den hervorragende Ausblick, der sich dadurch den Besatzungsmitgliedern bietet.

Die großzügige Auslegung und der gute Durchblick – die Fenster lassen sich zudem bis zu einer Geschwindigkeit von 460 km/h öffnen – haben heute unter vielen Piloten einen legendären Ruf, wo die DC 10 nur noch selten auf europäischen Flughäfen zu sehen ist – genauso wie viele Passagiere immer noch vom großen Komfort in der Kabine dieses klassischen Jetliners schwärmen. Die DC 10 gehört noch zu den Maschinen, die auf dem Flugdeck von einer Drei-Mann-Besatzung geflogen werden. Neben den Arbeitsplätzen des Kapitäns und des Copiloten ist im Cockpit auch ein solcher für einen Flugingenieur vorhanden. Zum Aufgabenbereich dieses Besatzungsmitgliedes gehören zum Beispiel die Steuerung und Überwachung der elektrischen Anlagen in der Maschine, der Hydrauliksysteme, der Klimaanlage und des Kraftstoffsystems.

Die gesamte Auslegung des Cockpits präsentiert sich noch als klassischer „Uhrenladen", wie er vor Einführung der moderneren Flugzeugmuster mit Glasbildschirmen üblich war. Dass die Anordnung der zahlreichen Rundinstrumente, Schalter und Hebel dabei äußerst ergonomisch und übersichtlich erfolgte, spricht für die Flugzeugingenieure von Douglas.

In dieser Hinsicht markiert die DC 10 den Höhepunkt dessen, was mit einer solchen konventionellen Instrumentierung möglich ist. Gerade in dieser Funktionalität darf das Cockpit ganz sicher zu den schönsten Flugdecks gerechnet werden, die jemals entworfen wurden. Ein „roter Faden" in der Auslegung des Cockpits ist die Tatsache, dass die DC 10 eine dreimotorige Maschine ist – deutlich an den drei Schubhebeln auf der Mittelkonsole, aber auch der dreifachen Auslegung der Triebwerksanzeigen in der Mitte des Instrumentenbretts, vor beiden Piloten, zu erkennen.

Die übrigen Bedienelemente präsentieren sich so, wie es sich zu der Zeit, als die DC 10 entworfen wurde, weltweit längst als optimal herausgestellt hatte. Vor den beiden Piloten sind die primären Instrumente in T-Form angeordnet. Die Bedienelemente für den Autopiloten thronen auf dem Instrumentenbrett vor den Piloten, die Eingabegeräte für das Trägheitsnavigationssystem zwischen Instrumentenbrett und der Konsole mit den Schubhebeln.

Entworfen wurde diese Anordnung wie auch das gesamte Flugzeug in den 60er Jahren. Am 29. August 1970 hob die DC 10 zu ihrem Erstflug ab.

In den Folgejahren entwickelte sich die Maschine zu einem Erfolgsschlager auf dem Markt für Verkehrsflugzeuge. Die erste Variante bildete die DC 10-10, die vor allem für den Einsatz auf inneramerikanischen Strecken geeignet

Eine DC 10 von Northwest Airlines in Frankfurt

war. Für Flüge auf Langstrecken brachte McDonnell Douglas die Versionen DC 10-30 und -40 heraus. Die DC 10 ließ sich von vielen Fluggesellschaften geradezu ideal auf Strecken einsetzen, für die die Boeing B 747 zu groß war, insbesondere Narrow-Body-Verkehrsflugzeuge aber zu klein.

Überschattet wurde die Erfolgsgeschichte der DC 10 immer wieder von Flugzeugunglücken, so 1974 bei Paris und 1979 in den USA, die diesen Typ zeitweise in der Öffentlichkeit – nicht immer zu Recht – in Verruf brachten.

DIE DATEN

Douglas DC 10

Spannweite (m):	**50,40**
Länge (m):	**55,35**
Höhe (m):	**17,7**
max. Startgewicht (t):	**264,4**
max. Reisegeschwindigkeit (km/h):	**900**
Reichweite (km):	**9600**
Besatzung Cockpit:	**3**
typische Passagierbelegung:	**370**
Triebwerke:	**3 x GE CF6-50C2 mit 233,5 kN Schub**
Treibstoffverbr. im Reiseflug (l/h):	**10450**

L1011 TRISTAR

In Deutschland machte vor allem die Fluggesellschaft LTU die Maschinen vom Typ Lockheed L 1011 Tristar bekannt, die lange das Rückgrat der Langstreckenflotte des Düsseldorfer Ferienfliegers bildeten. Die Tristar ist seit 1996 aus der Flotte der LTU verschwunden. Auch sonst sieht man die Tristar in Europa nur noch selten. In der Vergangenheit stellte die Lockheed den direkten Konkurrenten der DC 10 dar.

Die Tristar war durchaus kein erfolgloses Flugzeugmuster, wenn sie auch den Erfolg der DC 10 nie erreichen konnte. Dass beide Flugzeuge zu einer ähnlichen Zeit konzipiert wurden und auf den Markt kamen lässt sich schon an der äußeren Ähnlichkeit erkennen.

Wie die DC 10 ist auch die Lockheed L 1011 ein Wide-Body, der mit drei Triebwerken ausgestattet wurde. Zwei davon befinden sich unter den Tragflächen, eines im Heck. Ihren Erstflug absolvierte die Maschine am 16. September 1970.

Die erste Version ist die L 1011-1, die bei maximaler Nutzlast eine Reichweite von 5077 km aufweist und sich damit für US-Strecken, aber nicht für interkontinentale Langstrecken eignet. Lockheed entwickelte die Maschine weiter und brachte die L 1011-100 und die -200 heraus, die sich aber nach wie vor nicht mit der Reichweite der DC 10-30 messen können. Das gelang Lockheed erst mit der -500, die 1979 ihre Zulassung in den USA erhielt. Bei diesem Flugzeuge hatte Lockheed die Treibstoffkapazität deutlich erhöht, während die Maschine gleichzeitig um 4,11 m verkürzt und die Spitzen der Tragflächen verlängert wurden. Wie die DC 10 gehört die Lockheed Tristar zu den Flugzeugen, die von einer Drei-Mann-Besatzung geflogen werden.

Das Cockpit präsentiert einen Standard, wie er mit der DC 10 vergleichbar ist. Es dominieren Rundinstrumente, übersichtlich und äußerst funktionell angeordnet. Die Hauptinstrumente, der künstliche Horizont, der Geschwindigkeitsmesser links davon und der Höhenmesser rechts, liegen direkt im Blick der Piloten, die Triebwerksinstrumente gruppieren sich in der Mitte des Instrumentenbrettes. Rechts davon, nicht ganz so wuchtig wie bei Boeing-Modellen üblich, ist der Schalter für das Fahrwerk angeordnet.

Oberhalb des Instrumentenbrettes befindet sich die Schalttafel für den Autopiloten. Zwischen Instrumentenbrett und der Konsole mit den Schubhebeln sind zwei Eingabegeräte für das Trägheitsnavigationssystem vorhanden. Dabei handelt es sich um ein ganz wesentliches Navigationsmittel auf Langstrecken. Das Trägheitsnavigationssystem arbeitet von der Außenwelt unabhängig. Es navigiert das Flugzeug damit auch sicher über den großen Ozeanen der Welt, wo Navigationsfunkfeuer nicht verfügbar sind.

Grob vereinfacht gesagt „erfühlen" bei der Trägheitsnavigation extrem empfindliche Sensoren jede Bewegung, die ein Flugzeug

macht. Ausgehend vom Stellplatz der Maschine auf einem Flughafen, von dem die Piloten die exakten Koordinaten vor Flugbeginn eingeben, rechnet ein Computer kontinuierlich den Standort der Maschine während des gesamten Fluges weiter fort.

Über die Eingabegeräte in der Mittelkonsole können die Piloten die zu fliegende Flugroute in das System eingeben und den Autopiloten darauf aufschalten, so dass die gewünschte Flugstrecke weitgehend automatisch abgeflogen wird. Auch wenn die Flugroute natürlich nicht auf einem Bildschirm dargestellt wird, ist doch der funktionale Unterschied zu modernen Flight Management Systemen damit gar nicht so groß. Deren Eingabegeräte sind genau an derselben Stelle untergebracht wie die Bedienelemente des Trägheitsnavigationssystems.

Die Tristar bildete lange Zeit das Rückgrat der Langstreckenflotte von Delta Airlines

DIE DATEN

Lockheed L 1011-500

Spannweite (m):	**50,09**
Länge (m):	**50,05**
Höhe (m):	**17,01**
max. Startgewicht (t):	**224,9**
max. Reisegeschwindigkeit (km/h):	**925**
Reichweite (km):	**10800**
Besatzung Cockpit:	**3**
typische Passagierbelegung:	**250**
Triebwerke:	**3 x RollsRoyce RB 211-524B4 mit je 222,4 kN Schub**
Treibstoffverbr. im Reiseflug (l/h):	**10500**

MC DONNELL DOUGLAS MD 11

ESCAPE LINE PULL
PUSH HEADREST → TO ADJUST
PULL TO OPEN DOCUMENT STOWAGE
SEAT MUST BE IN FORWARD 7 INCHES OF TRAVEL DURING TAKEOFF AND LANDING

MC DONNELL DOUGLAS MD 11

Die MD 11 wurde von McDonnell Douglas als Nachfolgemodell der DC 10 konstruiert, konnte aber nie an den Erfolg des Vorgängermusters anknüpfen. Ihren Erstflug absolvierte die MD 11 am 10. Januar 1990. Rein äußerlich ist die Maschine nur schwer von der DC 10 zu unterscheiden.

Die Veränderungen zeigen sich erst bei genauerer Betrachtung. So wurde die MD 11 gegenüber der DC 10 um 5,66 m verlängert. Der Heckabschluss ist länger und eckiger, als das bei der DC 10 der Fall war. Gleichzeitig verkleinerten die Flugzeugbauer von McDonnell Douglas die Höhenflossen um rund 30 Prozent und platzierten an den Enden der Tragflächen Winglets. Die Verlängerung der Maschine führte in der Kabine dazu, dass Platz für zusätzliche 44 Passagiere entstand.

Nicht sichtbar sind eine ganz Reihe weiterer Modifikationen. So erhielten die Tragflächen ein völlig neues Profil. Im Höhenleitwerk platzierten die Flugzeugbauer einen zusätzlichen Tank, der die Reichweite steigert, gleichzeitig aber auch zur Trimmung der Maschine verwendet werden kann.

Nach dem Zusammenschluss von Boeing und McDonnell Douglas kam das Aus für die Produktion der MD 11. Während der Maschine als Passagierflugzeug nicht der Erfolg der DC 10 beschieden war, entwickelte sich in einem ganz anderen Bereich eine rege Nachfrage nach ihr: dem Cargo Business. In diesem Bereich entdeckten zahlreiche Airlines die Stärken der MD 11, die in der Frachteraufführung ganz ideal auf Strecken eingesetzt werden kann, für die eine Boeing B 747 zu groß wäre. Die entstandene Nachfrage reichte allerdings nicht aus, um Boeing zu einer Weiterproduktion der Maschine zu bewegen. So entwickelte sich zunehmend ein Markt, bei dem gebrauchte MD-11-Passagiermaschinen zu Frachtfliegern umgebaut werden.

Während sich die MD 11 gegenüber der DC 10 äußerlich nur wenig unterscheidet, vollzog sich im Cockpit ein vollständiger Bruch mit der Konzeption der DC 10. Die MD 11 spiegelt den Entwicklungsstand einer ganz anderen, moderneren Flugzeuggeneration wieder. Das macht sich zunächst am Fehlen des Bordingenieurs fest.

Die MD 11 wird nur noch von zwei Besatzungsmitgliedern geflogen – dem Kapitän und dem ersten Offizier. Die Instrumente, Funktionen und Aufgaben, die noch in der DC 10 in das Aufgabenfeld des Bordingenieurs gehören, managed in der MD 11 zum Großteil der Bordcomputer. Bei normaler Funktion – wenn alle Systeme optimal laufen – geschieht dieses in der Regel im Verborgenen. Erst wenn es zu Störungen im Ablauf kommt, werden die Piloten über ein Warnsignal darauf aufmerksam gemacht und können entsprechend ihrer Checklisten eine Lösung erarbeiten.

Das neue Cockpitkonzept der MD 11 wird aber auch an den

sechs großen Bildschirmen deutlich, die sich anstelle der zahlreichen Rundinstrumente in der Vorgängerkonstruktion DC 10 vor den Piloten befinden.

Die Anzeigen für die drei Triebwerke befinden sich dabei am selben Platz wie in der DC 10, in der Mitte zwischen beiden Piloten auf dem Instrumentenbrett, nur dass sie in der MD 11 eben auf Bildschirmen, nicht auf Rundinstrumenten angezeigt werden. Die Displays daneben, weiter außen angeordnet, bieten Platz für die Streckendarstellung- und planung, eine Darstellungsmöglichkeit, die in der DC 10 in dieser Form nicht möglich war.

Ganz außen dann blicken beide Piloten auf einen Bildschirm, auf dem zentral der künstliche Horizont dargestellt wird.

Mit der MD 11 bot Swissair einen Großteil ihrer Langstreckenflüge an

DIE DATEN

McDonnell Douglas MD 11

Spannweite (m):	**51,70**
Länge (m):	**61,20**
Höhe (m):	**17,60**
max. Startgewicht (t):	**285,9**
max. Reisegeschwindigkeit (km/h):	**945**
Reichweite (km):	**13355**
Besatzung Cockpit:	**2**
typische Passagierbelegung:	**356**
Triebwerke:	**3 x GE CF6-80C2D1F mit 274 kN Schub, 3 x PW 4460 mit 267 kN Schub, 3 x PW 4462 mit 276 kN Schub**

MC DONNELL DOUGLAS MD 80

MC DONNELL DOUGLAS MD 80

Fragt man Flugzeugliebhaber danach, in welchem Düsenverkehrsflugzeug das schönste Cockpit zu finden ist, wird häufig eine Modellreihe genannt, deren Flugzeuge auf den großen Airports der Welt eher zu den kleinen, unauffälligen Maschinen gehören: die MD-80-Flugzeugfamilie von McDonnell Douglas.

Auf deutschen Flughäfen sind die Maschinen dieser Modellreihe, die MD 81, MD 82, MD 83, MD 88 und MD 87, mittlerweile zum eher seltenen Anblick geworden, insbesondere seit die Fluggesellschaft Aero Lloyd begonnen hat, ihre Flotte von Maschinen der MD-80-Serie auf modernere Modelle der Airbus-A320-Familie umzurüsten.

Bei den Flugzeugen der MD-80-Familie handelt es sich Maschinen, die auf Kurz- und Mittelstrecken zum Einsatz kommen. Gegenüber anderen Flugzeugtypen sind die Modelle sofort durch die Anbringung der beiden Triebwerke am Heck zu erkennen.

Die Verwandtschaft zu zwei anderen Flugzeugen, die ebenfalls dieses Konstruktionsmerkmal aufweisen, die Douglas DC 9 und die Boeing B 717 ist unverkennbar.

Das hat natürlich seinen Grund: Die MD 80 ist eine Weiterentwicklung der DC 9, während die B 717 wiederum eine Weiterentwicklung der MD 80 darstellt. Dieses Flugzeug war noch unter Regie von McDonnell Douglas unter dem Namen MD 95 entwickelt worden. Nach der Fusion dieses US-Herstellers mit Boeing wurde das Programm weitergeführt und das Flugzeug in Boeing B 717 umbenannt.

Vorgestellt wurde die MD-80-Flugzeugfamilie im Oktober 1977, damals noch unter dem Namen DC 9 Super 80. Die erste Variante, die MD 81, absolvierte ihren Erstflug am 18. Oktober 1979. Die erste Maschine wurde an die Fluggesellschaft Swissair ausgeliefert, die am 5. Oktober 1980 mit dem Flugzeug den Liniendienst aufnahm.

In der Folgezeit brachte McDonnell Douglas weitere Muster mit identischen Rumpfmaßen auf den Markt. Dabei handelt es sich um die MD 82 und MD 83. Die jeweiligen Maschinen sind äußerlich gleich und unterscheiden sich hinsichtlich der verwandten Triebwerke, der Abflugmassen, Treibstoffkapazität, und der Flugleistungen.

Während das Basismodell, die MD 81, eine Reichweite von rund 3300 km aufweist, sind es bei der MD 82 rund 4000 km und bei der MD 83 über 5000 km. Die MD 88 entstand als letztes Modell der MD-80-Serie und wurde 1986 vorgestellt.

McDonnell Douglas stattete sie mit zahlreichen technischen Neuerungen gegenüber den anderen Modellen aus. Das Flugzeug erhielt neue Triebwerke, aber auch eine zeitgemäßere Cockpitausstattung, die unter anderem ein Flight Management System beinhaltete.

Ein weiteres Modell der MD-80-Flugzeugfamilie ist die MD 87, die gegenüber den anderen Typen einen um 5,40 m verkürzten Rumpf aufweist. Die Maschine

MD 87 der Iberia kurz vor der Landung

entstand bei McDonnell Douglas aus der Intention, wieder eine zeitgemäße Maschine in der Größenordnung der DC 9 anbieten zu können. Dieses Muster eignet sich besonders für Strecken, deren Aufkommen die größeren Typen dieser Baureihe nicht auslasten würde. Die ersten Flugzeuge wurden im November 1987 an die Fluggesellschaften Finnair und Austrian Airlines ausgeliefert.

Das Flair des Cockpits resultiert im wesentlichen aus der Vielzahl der klassischen Uhreninstrumente, die in diesem Flugzeugmuster noch in ihrer ganzen Vielfalt vorzufinden sind. Die harmonische und gleichzeitig markante Anordnung lässt dabei das Herz eines jeden Flugzeugliebhabers höher schlagen. Dass sich dabei – ganz ähnlich der B 737 Classic – direkt vor den Piloten bereits erste, noch kleine Bildschirme eingefunden haben, fällt erst auf den zweiten Blick auf und kann das Gesamtbild nicht ernsthaft stören.

DIE DATEN

McDonnell Douglas MD 83

Spannweite (m):	**32,87**
Länge (m):	**45,06**
Höhe (m):	**9,05**
max. Startgewicht (t):	**72,5**
max. Reisegeschwindigkeit (km/h):	**910**
Reichweite (km):	**5700**
Besatzung Cockpit:	**2**
typische Passagierbelegung:	**172**
Triebwerke:	**2 x PW JT8D mit je 93,4 kN Schub**
Treibstoffverbrauch (l/h):	**3400**

COCKPIT GESTERN: BOEING B 707

1 2 3 4
WARNING
PARKING BRAKE PULL
METER

BOEING B 707

Einer der ganz großen Klassiker unter den Airlinern ist die Boeing B 707. Wie nur ganz wenige andere Flugzeugmuster hat diese Maschine die Geschichte des modernen Luftverkehrs geprägt.

Als die B 707 am 26. Oktober 1958 bei einem Flug der Pan Am von New York nach Paris in den Liniendienst ging, revolutionierte sie den Luftverkehr. War das Fliegen vor dem Auftreten dieses Flugzeugs eine äußerst exklusive Angelegenheit nur für wenige, setzte nun die Entwicklung zum erschwinglichen Massenverkehrsmittel ein. So kostete 1959 der günstigste Flug von Frankfurt nach New York mit der Lufthansa, die in diesem Jahr noch ausschließlich Propellermaschinen im Dienst hatte, rund 2200 DM.

1960 stellte die deutsche Airline die B 707 in Dienst. Schon ein Jahr später war der Preis für das Flugticket auf 1703 DM gesunken. Nur zum Vergleich: Ein VW-Käfer kostete zu dieser Zeit rund 4000 DM und der durchschnittliche Monatslohn eines Angestellten betrug 700 DM. Diese Entwicklung stellte natürlich kein Wunder dar. Die B 707 konnte gegenüber den zu dieser Zeit üblichen Propellermustern doppelt so viele Passagiere befördern, während sich gleichzeitig die Reisezeit halbierte. Damit entsprach eine B 707 etwa der Transportkapazität von vier Super Constellations.

In den Folgejahren trat die B 707 ihren Siegeszug um die Welt an. Die meisten namhaften Fluggesellschaften nahmen die B 707 in ihre Flotte auf und setzten sie auf den Langstrecken ein.

Im Cockpit der Maschine haben noch vier Besatzungsmitglieder ihren Platz. Neben dem Piloten, dem Copiloten und Bordingenieur befindet sich noch der Arbeitsplatz eines Navigators auf dem Flugdeck. Während der Flugingenieur hinter dem Copiloten, seitlich zur Flugrichtung vor seiner Instrumententafel sitzt, steht der Tisch des Navigators hinter dem Kapitän.

Die Instrumente der beiden Piloten dürfen als klassisch für die Anordnung der frühen Jetliner gelten. Direkt im Blick beider Besatzungsmitglieder befinden sich die jeweils in der klassischen T-Form vor ihnen angeordneten Hauptinstrumente mit dem Fluglagenanzeiger, Fahrtmesser, Höhenmesser und dem Kompass. Direkt in der Mitte des Instrumentenbretts sind die zahlreichen, etwas kleineren Rundinstrumente der Triebswerksanzeigen platziert.

Auch wenn das Cockpit zunächst gänzlich verschieden von dem moderner Maschinen mit ihren Glasbildschirmen auf den Betrachter wirkt, wurden doch viele Bedienelemente und Anzeigen bereits so angeordnet, wie sie sich auch heute noch in einem Airbus A 340 oder einer B 777 finden.

Das gilt zum Beispiel für die Triebwerksanzeigen. Auffälligstes Beispiel sind natürlich die Schubhebel in der Mittelkonsole zwischen beiden Piloten. Aber auch der Hebel für die Flaps, die Lan-

B 707 der Fluggesellschaft Varig

deklappen, der sich rechts von den Schubhebeln befindet, unterscheidet sich nicht wesentlich vom entsprechenden Hebel in einer moderneren Boeing.

Und auch Airbus hat dieses Bedienelement grundsätzlich ähnlich positioniert. Das gilt auch für den Fahrwerkshebel, der sich rechts von den Triebwerksinstrumenten in bequemer Armreichweite des Copiloten befindet und für den Hebel links in Kniehöhe des Kapitäns, mit dem das Bugfahrwerk der Maschine gelenkt wird und sich das Flugzeug damit am Boden steuern lässt.

DIE DATEN

Boeing B 707 – die Daten in Kürze

Spannweite (m):	**44,4**
Länge (m):	**46,6**
Höhe (m):	**12,9**
max. Rollgewicht (t):	**150,4**
Reisegeschwindigkeit (km/h):	**900**
Reichweite (km):	**9260**
Besatzung Cockpit:	**4**
typische Passagierbelegung:	**148**
Triebwerke:	**4 x PW JT3D mit je 80,1 kN Schub**
Treibstoffverbrauch (l/h):	**6800**

DORNIER DO X

Die Dornier Do X gehört insbesondere in den deutschsprachigen Ländern zu den legendärsten Flugzeugen, die wohl je überhaupt gebaut wurden.

Die Maschine wurde von Claude Dornier in Hinblick auf einen kommenden Flugverkehr über den Atlantik mit Fluggerät schwerer als Luft entworfen, in Altenrhein am Bodensee gebaut und absolvierte am 12. Juli 1929 ihren Jungfernflug. Bereits am 21. Oktober 1929 hob das Flugzeug zu einem Flug ab, bei dem 159 Passagiere und 10 Besatzungsmitglieder an Bord waren.

Die Abmessungen fielen für damalige Verhältnisse gewaltig aus. Die Ausstattung der Do X hat dieses Prädikat nach heutigen Gesichtspunkten verdient. Für die Passagiere befanden sich die Plätze auf dem rund 24 m langen Mitteldeck. Dieses war mit Zwischenwänden unterteilt und im gediegenen Clubstil eingerichtet, wobei selbst echte Perserteppiche nicht fehlten.

Unter dem Mitteldeck befand sich das Unterdeck, in dem die Tanks, die ein Volumen von 16000 Litern hatten, untergebracht waren. Über dem Mitteldeck lag des Refugium der Crew. Dieses bestand nicht nur aus einem Cockpit, sondern gleich aus mehreren Räumen: einer Kommandobrücke, einem Navigationsraum, einem Funkraum, einem Triebwerksüberwachungsraum und einem Hilfsmaschinenraum.

Beeindruckend war auch die Ausstattung mit Motoren. Die Do X wurde von zwölf Triebwerken mit Holzpropellern in sechs Tandemgondel über den Tragflächen angetrieben. Anfänglich kamen luftgekühlte Siemens-Jupiter-Sternmotoren mit je 530 PS zum Einsatz. Als sich diese als zu schwach erwiesen und zudem bei den hinteren sechs Motoren ständig Kühlprobleme auftraten, baute man wassergekühlte Curtiss-Conqueror-Motoren mit 640 PS ein.

Bekannt wurde die Maschine vor allem durch ihren Flug „rund um den Atlantik", zu dem sie unter dem Kommando von Kapitän Friedrich Christiansen den Bodensee am 5. November 1930 verließ.

Die Reise führte die Maschine von Pannen und Zwischenfällen unterbrochen über Holland, England und Frankreich nach Lissabon. Nach einem Teilstück entlang der afrikanischen Küste, das bis Bubaque führte, nahm die Do X dann die Atlantiküberquerung in Angriff, die die Maschine nach Rio de Janeiro brachte. Von hier aus ging es dann weiter nach New York. Am 19. Mai 1932 brach das Flugzeug in der Metropole am Hudson-River zu seinem Rückflug auf und überquerte mit Zwischenlandungen in Neufundland und auf den Azoren erneut den Atlantik um in Berlin auf dem Müggelsee zu landen. Ingesamt legte die Do X bei dieser Reise 43500 km zurück. Ein Deutschlandflug schloss sich an.

Das Flugzeug wurde später dem Luftfahrtmuseum in Berlin übergeben, wo es ein Bombenangriff zerstörte.

Do X beim Start auf dem Bodensee

Während die erste Do X auf deutsche Rechnung gebaut wurde, entstanden zwei weitere Maschinen, die nach Italien gingen. Zur Besatzung der Maschine gehörten Kommandant, Flugzeugführer, Flugingenieur, Navigator und Bordfunker.

Die Kommandobrücke war äußerst sparsam instrumentiert. Vom Gesamteindruck her erinnert sie eher an die Kommandobrücke eines Schiffes als an ein Cockpit. So fehlten die Instrumente für die Motoren, da diese in der eigens dafür eingerichteten Maschinenzentrale platziert waren, wo sich der Bordingenieur ihrer Überwachung annehmen konnte. Währenddessen richtete sich der Blick der Flugzeugführer auf die Ausstattung an primären Fluginstrumenten, wie sie in der damaligen Zeit für unentbehrlich gehalten wurden, was einen Fahrtmesser, Variometer, Wendeanzeiger, Höhenmesser und Kompass einschloss.

DIE DATEN

Dornier Do X	
Spannweite (m):	**48**
Länge (m):	**40**
Höhe (m):	**10,1**
max. Startgewicht (t):	**57,5**
Reisegeschwindigkeit (km/h):	**190**
max. Reichweite (km):	**2800**
Besatzung:	**10 – 14**
Passagiere:	**66**
Triebwerke:	**12 x Curtiss Conqueror mit je 640 PS**

FOCKE-WULF FW 200

Luftschrauben Verstellung

Als im Juli 1937 die Focke-Wulf Fw 200 „Condor" zum ersten Mal flog, hatte die Entwicklung der Verkehrsflugzeuge gegenüber Maschinen wie der Junkers W 33 oder der Junkers G 38 einen deutlichen Sprung nach vorn getan.

In Form und Leistung nahm diese Maschine bereits kommende Zeiten des Luftverkehrs vorweg. Maximal 26 Passagiere konnten in der Fw fliegen, in einer Kabine, die deutlich besser als bisher gegen Motorenlärm geschützt war. Das Flugzeug hatte hervorragende aerodynamische Qualitäten und flog mit einer Reisegeschwindigkeit von bis zu 370 km/h.

Mit den Entwurfsarbeiten an diesem Flugzeug hatte Kurt Tank, Chefkonstrukteur von Focke-Wulf, 1936 begonnen. Er schnitt das Flugzeug speziell auf die Anforderungen der Lufthansa zu und nahm dabei deren Anregungen auf.

Seit 1938 flog die Condor dann für die deutsche Fluggesellschaft mit dem Kranich. Lufthansa blieb nicht der einzige Kunde. Das Flugzeug erwies sich als sehr erfolgreich. Focke-Wulf konnte Bestellungen aus Dänemark, Brasilien, Japan und Finnland entgegennehmen, wobei Focke-Wulf die Flugzeuge an Brasilien noch ausliefern konnte, der Krieg dann eine Auslieferung der weiteren Maschinen nach Finnland und Japan verhinderte.

Populär wurde die Fw 200 auch durch Rekordflüge nach New York und Tokio. Der Flug nach New York startete am 10. August 1938 in Berlin und führte über eine Strecke von 6370 km. Die Maschine erreichte nach 24 Stunden und 36 Minuten ihr Ziel, begeistert von zahlreichen New Yorkern empfangen. Mechaniker der Lufthansa untersuchten die Maschine schon kurz nach der Landung. Es gab keinen Grund zur Beanstandung. Und so konnte der Rückflug schon am 13. August starten. Er war mit 19 Stunden und 55 Minuten naturgemäß deutlich kürzer als die Hinreise.

In die japanische Metropole flog die Focke-Wulf wenig später mit Zwischenlandungen in Basra, Karachi und Hanoi. Am 28. November 1938 erfolgte der Start. Der Flug dauerte 46 Stunden und 18 Minuten. Die Condor legte dabei eine Strecke von 14280 km zurück.

Während die Krieges produzierte Focke-Wulf die Maschine weiter für den militärischen Einsatz. Das Flugzeug kam als Transporter und Seeaufklärer zum Einsatz.

Auch im Cockpit zeigt sich deutlich der Entwicklungssprung, der sich mit der Entwicklung der Focke-Wulf Fw 200 gegenüber Vorgängerflugzeugen vollzogen hatte. Das Cockpit dieses ersten modernen Langstreckenflugzeuges der Welt wirkt bereits sehr viel aufgeräumter, strukturierter als noch bei Maschinen wie der Junkers G 38. Bei der Anordnung der Instrumente und Bedienelemente liegt eine klare Aufteilung vor. Die Flugüberwachungs- und Navigationsinstrumente befinden sich direkt vor den beiden Piloten. Hier

sind die meisten Instrumente redundant vorhanden, beide Flugzeugführer haben sie vor sich im Blick. Das gilt zum Beispiel für den Fahrtmesser, den Wendezeiger, den künstlichen Horizont und den Variometer. Die Anzeigen zur Motorenüberwachung wurden in der Mitte des Instrumentenbretts angeordnet. Die Anbringung erfolgte von der grundsätzlichen Anordnung her bereits so, wie es heute auch noch der Fall ist: Für jedes der vier Triebwerke sind die Instrumente untereinander aufgereiht und zeigen zum Beispiel Drehzahlmesser und den Ladedruck. Die Gashebel befinden sich – wie heute auch noch – auf der Mittelkonsole zwischen den Piloten, darunter sind Hebel für die Luftschraubenverstellung und – ganz rechts – die Landeklappen angebracht.

Die Motoren einer Fw 200 laufen warm

Für die Passagiere war die Condor ein sehr komfortables Flugzeug

DIE DATEN

Focke Wulf Fw 200

Spannweite (m):	**32,84**
Länge (m):	**23,85**
Höhe (m):	**6**
max. Startgewicht (t):	**17,25**
max. Reisegeschwindigkeit (km/h):	**317**
Reichweite (km):	**2300**
Besatzung:	**4**
typische Passagierbelegung:	**26**
Triebwerke:	**4 x BMW 132 G Kolbentriebwerke mit je 720 PS Leistung**

JUNKERS F 13

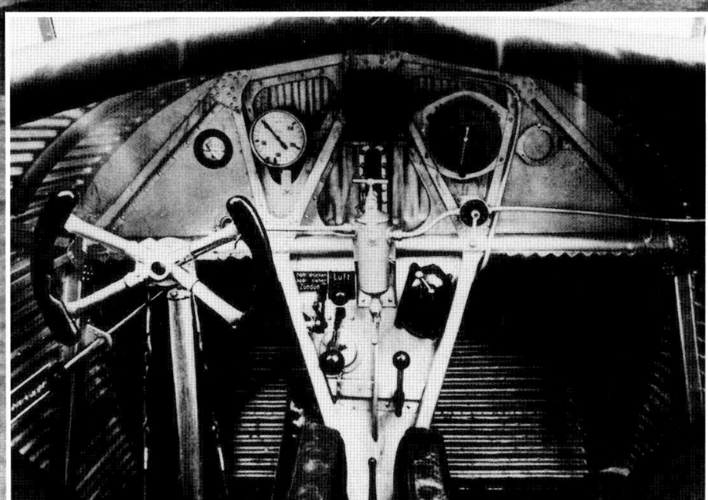

Die Junkers F 13 erfreute sich bei den Passagieren größter Beliebtheit. Das Cockpit war noch sehr spartanisch ausgestattet

JUNKERS F 13

Die Junkers F 13 war das erste echte Verkehrsflugzeug der Welt, eine Maschine die von vornherein zu dem Zweck konstruiert wurde, Passagiere im aufstrebenden Luftverkehr nach dem ersten Weltkrieg zu befördern: In einer Zeit, als die Personen- und Frachtbeförderung auf dem Luftweg ansonsten in der Regel von Doppeldeckern, häufig handelte sich es sich um ehemalige Militärmaschinen, abgewickelt wurde, stellte die Junkers F 13 als freitragender Eindecker, der ganz aus Metall gebaut war, eine Sensation dar.

Den Passagieren bot die Maschine bisher ungeahnten Komfort. Sie konnten in einer geschlossenen Kabine mit Heizung und großen Fenstern sitzen, während die Piloten allerdings auch in der F 13 immer noch teilweise im Freien saßen. Das aber war von diesen auch so gewollt. Es galt unter Piloten als unbedingt notwendig, Wind und Wetter zu spüren, wollte man eine Maschine sicher und zuverlässig fliegen.

Ihren Erstflug absolvierte die Junkers F 13 am 25. Juni 1919. Das erste Exemplar wurde von einem Mercedes D IIIa Reihenmotor mit 160 PS angetrieben. Die späteren Serienmaschinen erhielten dann stärkere Motoren.

Die geriffelte Blechbeplankung, die bei der F 13 zum Einsatz kam, erwies sich im Flugbetrieb als extrem belastbar und stabil, was die Junkers Flugzeugwerke dazu brachte, diese Bauweise auch bei späteren Modellen bis hin zur Junkers Ju 52 zu verwenden.

Das Cockpit der Maschine spiegelt in seiner Kargheit die frühen Jahre des zivilen Luftverkehrs wider, einer Zeit, in der das Fernrohr noch unentbehrliches Mittel der Navigation war und die Piloten noch dick bekleidet, mit Fliegerbrille und Pelzmantel, im Cockpit saßen. Auf dem Instrumentenbrett links, das kleine runde Instrument, ist ein Öldruckmesser. Rechts daneben, größer, wurde der Fahrtmesser angebracht. Direkt im Zentrum des Instrumentenbrettes, auf dem Foto geschwärzt, befindet sich der Drehzahlmesser, gefolgt vom Höhenmesser und einer kleinen runden Borduhr, hier fehlend, auf der rechten Seite des Instrumentenbretts. Oberhalb des geschwärzten Drehzahlmessers ist ein Magnetkompass angebracht, unterhalb wurde ein Schauglas montiert, das der Funktionsprüfung der Motorbenzinpumpe dient. Bei dem davor aufrecht stehend angeordnete Behälter handelt es sich um einen Kraftstofffilter, er ist zur rechten Seite über eine Leitung mit dem Benzinhahn verbunden. Zwischen Kraftstofffilter und Benzinhahn, leicht darunter, befindet sich der Anlassmagnet, darunter ein weiterer Benzinhahn, durch den bei Vergaserbrand die Benzinzufuhr vor dem Vergaser abgeriegelt werden konnte.

Gegenüber, bei dem Hebel auf der linken Seite, der eine gewisse Ähnlichkeit mit dem Choke eines Autos aufweist, handelt es sich um den Gashebel. Er verdeckt zum Teil das Zündschloss. Direkt

Als die Damen noch mit Hut flogen: Eine Junkers F 13 vor dem Start. Während die Reisenden in einer geschlossenen Kabine saßen, waren die Piloten Wind und Wetter ausgesetzt

darüber wurde der Hebel für die Gemischregelung angebracht, links von beiden ein Hebel für die Zündzeitpunktverstellung. Fehlen noch zwei weitere Bedienelemente: Der lange Hebel auf der linken Cockpitseite ist der Hebel für die Kühlerklappe. Bei dem Bedienelement zwischen beiden Pilotensitzen handelt es ich um eine Handpumpe für die Flächenbehälter. Sie kam zum Einsatz, wenn die Motorpumpe defekt war.

DIE DATEN

Junkers F 13	
Spannweite (m):	17,75
Länge (m):	10,5
Höhe (m):	4,1
max. Startgewicht (t):	2,7
Reisegeschwindigkeit (km/h):	170
max. Reichweite (km):	950
Besatzung Cockpit:	2
typische Passagierbelegung:	4
Triebwerke:	1 x Ju L-5 Kolbenmotor mit 310 PS

JUNKERS W 33

250
200
100
150
300
500
200
150
MAXIMAL
100

JUNKERS W 33

Am 14. April 1928, genau um 3.57 Uhr, verbreitete in Deutschland der Radiosender München als erster die Sensation: Der erste Transozeanflug in Ost-West-Richtung, von Europa nach Amerika, war geglückt, die drei Piloten und ihre Maschine wohlbehalten in den Vereinigten Staaten angekommen.

Die Menschen in Europa und den USA jubelten. 36 Stunden hatte der Flug gedauert, der wesentlich schwieriger als eine Überquerung des Atlantiks von West nach Ost ist. Gelandet waren die Piloten dabei mit dem letzten Tropfen Benzin auf einer kleinen Insel zwischen Neufundland und Labrador, nachdem der Start zuvor in Irland erfolgte. Die Namen der Piloten: Hermann Köhl und James C. Fitzmaurice. Mit ihnen zusammen an Bord: Ehrenfried Günther Freiherr von Hünefeld, der Pressechef der Reederei Norddeutscher Lloyd aus Bremen, der den Flug wesentlich initiiert und organisiert hatte.

Das Flugzeug, das die drei Flugpioniere so sicher nach Amerika brachte: Eine Junkers W 33, getauft auf den Namen „Bremen".

Schon wenig später saß von Hünefeld erneut im Cockpit einer W 33, die den mittlerweile todkranken Pressechef auf einem weiteren Rekordflug von Berlin nach Tokio trug, über die Rekorddistanz von 14250 km, mit einer Reisegeschwindigkeit von 160 km/h. Das Flugzeug, das diese Rekordflüge möglich machte, die Junkers W 33, war zu dieser Zeit ein bewährtes Verkehrsflugzeug, das infolge einer Ausschreibung aus dem Jahr 1925 für ein seetüchtiges Postflugzeug entstand. Bei der Konstruktion der Maschine entwickelte Junkers die bestehende F 13 fort.

Das neue Flugzeug wurde bis 1926 erprobt, später dann bis 1934 gebaut. Die Maschinen kamen in zahlreichen Ländern Europas im Passagierverkehr, aber auch in der Frachtbeförderung und Landwirtschaft, zum Einsatz. Die Junkers W 33 wurde als Land- und als Wasserflugzeug gebaut und lief bei Junkers gemeinsam mit der F 13 auf einer Montagestraße.

Als Antrieb diente ein Junkers-L-Reihenmotor. Parallel zur W 33 entwickelte Junkers das Modell W 34, das mit leistungsstärkeren Sternmotoren ausgestattet war. Die Motorisierung erreichte bis zu 660 PS. Die Instrumentierung des Cockpits der W 33 vermittelt einen guten Einblick in die Ausstattung eines Flugdecks zu dieser Zeit. Auf den ersten Blick dominieren die mächtigen Steuersäulen das Bild.

Das gesamte Cockpit ist noch ausgesprochen karg und sparsam ausgestattet, Anzeigen und Instrumente erscheinen vor beiden Piloten noch recht willkürlich angeordnet. Sie sind auch vor beiden Piloten keineswegs identisch. Betrachtet man alte Fotos verschie-

dener W 33, fällt zudem auf, dass es beträchtliche Unterschiede bei der Instrumentierung zwischen den einzelnen Maschinen geben konnte. Benzinuhr und Hebel für die Kraftstoffzufuhr wurden im Beinbereich der Piloten im unteren Dreieck des Instrumentenbretts installiert. Im oberen Sektor ist ein Drehzahlmesser für den Motor angeordnet. Unter ihm befindet sich ein schräg stehender, den Piloten zugeneigter, Kompass. Eine Anbringungsform, die in der Frühzeit der Verkehrsfliegerei häufig gewählt wurde, bis sich der vertikale Einbau ins Instrumentenbrett immer mehr durchsetzte. Links vom Drehzahlmesser wurde ein Höhenmesser angeordnet. Nur die untere Hälfte ist mit Glas versehen. Dahinter befindet sich die ablesbare Skala. Der Pilot auf dem rechten Arbeitsplatz im Cockpit blickt auf einen vor ihm zentral angeordneten großen Geschwindigkeitsmesser.

Fracht wird in eine Junkers W 33 geladen

DIE DATEN

Junkers W 33

Spannweite (m):	**17,70**
Länge (m):	**10,90**
Höhe (m):	**3,50**
max. Startgewicht (t):	**2,66**
Reisegeschwindigkeit (km/h):	**155**
max. Reichweite (km):	**800**
Besatzung Cockpit:	**2**
typische Passagierbelegung:	**6**
Triebwerke:	**1 x Ju L-5 Kolbenmotor mit 310 PS**

JUNKERS G 24

Die F 13 war für den Flugzeughersteller Junkers ein herausragender Erfolg. Anknüpfend an die Bauprinzipien dieses Erfolgsmusters entwickelte Junkers 1923 eine weitere Maschine, die G 23, wobei das „G“ für Großflugzeug steht. Die Maschine erhielt drei Motoren, was die Sicherheit erhöhte, und bot den Passagieren deutlich mehr Platz als das Vorgängermodell. Der erste Start erfolgte 1924. Gefertigt wurde die G 23 im Junkers Hauptwerk in Dessau sowie im Zweigwerk im schwedischen Linham. Für den Kauf des Flugzeugs entschieden sich Fluggesellschaften in Deutschland, Schweden,

Eine Junkers G 24 im Überflug

Cockpit der Junkers G 24

der Schweiz und Polen. 1925 entwickelte Junkers das Flugzeug zur G 24 weiter.

Der Unterschied bestand im wesentlichen in stärkeren Motoren und einem modifizierten Seitenleitwerk. Insgesamt wiesen die G 24 eine größere Reichweite und Geschwindigkeit auf und konnten eine höhere Zuladung befördern. Auch die G 24 wurde außerhalb Deutschlands verkauft, so auch nach Chile und in die UdSSR.

Bereits 1926 arbeitete Junkers wieder an einem neuen Flugzeug, das wiederum eine Weiterentwicklung der G 24 darstellte: die G 31. Bei fast identischer Spannweite wies dieses Muster einen breiteren und längeren Rumpf auf. Optisch unterschied es sich von der G 24 schon auf den ersten Blick durch die veränderte Leitwerkskonstruktion, bei der sich zwischen zwei Seitenleitwerken oben eine zweite Höhenflosse befand. Die Junkers G 31 absolvierte im September 1926 ihren Jungfernflug. Sie wurde unter anderem von der Lufthansa einsetzt und kam auf den Strecken Berlin – Amsterdam – London und von Berlin nach Königsberg, Paris und Wien zum Einsatz. Die G 31 bot ihren Passagieren großen Komfort und galt als „fliegender Speisewagen" mit eigener Bordküche. Bei Nachtflügen ließen sich die Sitze in zehn jeweils übereinanderliegende Betten verwandeln.

Wie bei Maschinen aus dieser Zeit üblich, war das Flugdeck karg ausgestattet. Die Piloten saßen auf ihren Sitzen direkt neben dem unverkleideten Wellblech. Die große Steuersäule, Mechanik und Instrumente wecken heute eher Assoziationen an einen schweren Lastkraftwagen oder eine Lokomotive als an ein Flugzeug. Im Cockpit hatten die Piloten noch ein recht gewöhnungsbedürftiges Gemisch aus Instrumenten vor sich. Flugführungsinstrumente wie der Fahrmesser sind in unmittelbarer Nähe zum Anlassmagneten auf dem Instrumentenbrett vor den Piloten angeordnet.

Zwischen beiden Piloten finden sich die Gashebel, seitlich daneben kleine Hebel für die Wahl der Kraftstofftanks, darunter drei Vergaser-Brandhähne und drei Hebel für die Kühlerklappen. Interessant dabei am Rande: Es hat sich noch keine Einheitlichkeit bei der Hebelbedienung herauskristallisiert. Bei einem Tankwahlhebeln wie auch den Brandhähnen bedeutet der nach links umgelegte Hebel die geschlossene Position. Nur bei dem linken Tankwahlhebel ist es umgekehrt. Er muss nach rechts gedreht werden, um geschlossen zu werden.

DIE DATEN

Junkers G 24

Spannweite (m):	**29,37**
Länge (m):	**15,80**
Höhe (m):	**5,80**
max. Startgewicht (t):	**7,2**
Reisegeschwindigkeit (km/h):	**175**
max. Reichweite (km):	**1050**
Besatzung Cockpit:	**2**
typische Passagierbelegung:	**14**
Triebwerke:	**3 x Ju L-5 Kolbenmotoren mit je 310 PS**

JUNKERS G 38

JUNKERS G 38

Als die Junkers G 38 am 6. November 1929 zu ihrem Erstflug startete, horchte die Welt auf. So ein Flugzeug hatte es zuvor noch nicht gegeben. Mit einer Spannweite von 44 m und einer Länge von 23,20 m war sie zu dieser Zeit das größte Landflugzeug der Welt. Im Frühjahr 1931 ging die G 38 bei der Lufthansa in den Liniendienst.

Wer die G 38 von oben, in der Draufsicht sieht, kann die konstruktiven Wurzeln des Flugzeuges nachvollziehen. Diese liegen im Jahr 1909, als Hugo Junkers sich mit dem Entwurf eines Nur-Flügel-Flugzeuges befasste, eine Arbeit, die er 1910 zum Patent anmeldete. Man muss sich nur das Heck wegdenken, um die Form des Nurflüglers zu sehen.

Die Tragflächen hatten für die damalige Zeit ungeheure Dimensionen. Immerhin waren sie bis zu 10 m tief und 2 m hoch und bargen einige Besonderheiten. So befand sich in den Tragflächen auf jeder Seite nah dem Rumpf eine Passagierkabine. Große Fenster an der Vorderseite der Flügel boten den Fluggästen hier einen atemberaubenden Ausblick während des Fluges. Der Flug auf diesen Plätzen dürfte aber nicht nur optisch unvergesslich gewesen sein, sondern auch akustisch. Direkt neben den Kabinen waren zwei der vier Motoren montiert. Junkers hatte die Triebwerke in die Tragfläche hinein verlegt. Sie trieben die Propeller vor dem Flügel über Fernwellen an. Zur Überwachung der Maschinen flogen zwei Flächenmonteure mit, einer für die Motoren im rechten Flügel, der andere für die Triebwerke in der linken Tragfläche zuständig. Sie überwachten die Motoren an speziellen Steuerständen und konnten im Bedarfsfall über die Flächen zu den Triebwerken gelangen.

Es wurden zwei G 38 hergestellt, die beide für die Lufthansa flogen. Bei beiden Flugzeugen handelte es sich praktisch um Einzelstücke. Die erste Maschine hatte zunächst nur ein Passagierdeck und beförderte 15 Fluggäste . Die zweite Maschine war doppelstöckig ausgelegt und bot 34 Passagieren Platz. Entsprechend dieser Auslegung wurde das erste Flugzeug nachträglich umgebaut. Der Komfort konnte sich sehen lassen. Direkt hinter dem Cockpit, in dem Kapitän und Copilot saßen, befand sich eine Bar, in einem Salon gab es für elf Fluggäste Platz. Vor und unterhalb des Cockpits war ein mit großzügigen Fenstern ausgestattetes Bugabteil vorhanden. Hier befanden sich die Plätze für den Navigator, Funker und die Bordtechniker. Die Lufthansa setzte die Maschinen auf den Flügen nach Amsterdam, London, Kopenhagen, Malmö und Stockholm, aber auch auf innerdeutschen Strecken ein. Sechs weitere Maschinen dieses Typs wurden in Lizenz in Japan als Bomber gebaut.

Betrachtet man das Cockpit der G 38, ist man im ersten Moment gerade angesichts der Größe dieses Flugzeugs von der spärlichen Ausstattung des Flugdecks überrascht. Das aber liegt natürlich zu

Die Reifen verdeutlichen die Größe: Eine Junkers G 38 wartet auf den nächsten Start

einem Teil daran, dass ein beträchtlicher Teil der Motorenüberwachungsinstrumente an die Arbeitsplätze der Bordmonteure ausgelagert war. Trotzdem dominieren immer noch vier große Drehzahlmesser halbkreisförmig den oberen Bereich des Instrumentenbretts. Zwischen ihnen ist ein Pressluftmanometer zu sehen. Unterhalb der Drehzahlmesser wurden zwei etwas größere Höhenmesser installiert, links für Höhen bis 500 m, rechts für Höhen bis 5000 m. Hinter der wuchtigen Steuersäule des Kapitäns sind, von oben nach unten, ein freistehender Kompass, Fahrtmesser und ein Kreiselneigungsmesser zu sehen. Links daneben befindet sich ein Längsneigungsmesser. Der Gashebelkasten zwischen beiden Piloten ist unverkennbar. Die Hebel dahinter dienen der Zusatzluftbetätigung. Sie sind vor den Zünd- und Anlassschaltern angeordnet.

In der Kabine der Junkers G 38

DIE DATEN

Junkers G 38

Spannweite (m):	**44**
Länge (m):	**23,2**
Höhe (m):	**7,2**
max. Startgewicht (t):	**24**
Reisegeschwindigkeit (km/h):	**180**
max. Reichweite (km):	**760**
Besatzung:	**7**
typische Passagierbelegung:	**34**
Triebwerke:	**4 x Jumo 204 Zweitakt-Dieselmotoren mit je 800 PS**

JUNKERS JU 52

Das „neue“ Cockpit der Lufthansa-Traditionsmaschine

JUNKERS Ju 52

Das in Deutschland bekannteste und populärste Oldtimer-Flugzeug ist ohne Zweifel die Junkers Ju 52. Der Grund dafür ist einfach: Am 1. April 1986 konnte bei der Lufthansa eine Junkers Ju 52 nach aufwendigen und liebevollen Restaurierungsarbeiten ihren zweiten Jungfernflug absolvieren.

Seitdem ist die Maschine, sorgsam von zahlreichen Ju- Enthusiasten umhegt und gepflegt, alljährlich in den Sommermonaten auf deutschen und internationalen Flughäfen zu sehen. Ein Mitflug in der „alten Tante Ju" ist jederzeit möglich.

Der weitere Grund für die Popularität dieses Flugzeugs ist in der Geschichte zu finden. Die Ju 52 bildete lange Zeit das Rückgrat der Lufthansa-Flotte und gehörte vor dem 2. Weltkrieg zum Alltagsbild auf den deutschen und vielen europäischen Flughäfen.

Ihren Erstflug absolvierte die Junkers Ju 52 am 11. September 1930. Junkers hatte die Maschine zunächst mit nur einem Motor ausgestattet. Vorgesehen war ein Einsatz hauptsächlich als Frachtmaschine. Und da schien die Ausstattung mit nur einem Motor die wirtschaftlichste Lösung zu sein. Schon bald aber zeigte sich, dass das neue Flugzeug vor allem als Passagiermaschine gefragt sein würde. Bei dieser Einsatzart hatte schon damals Sicherheit den größten Stellenwert und man entschloss sich zur Ausstattung mit drei Motoren.

Die neue Variante erschien im Frühjahr 1931 unter der Bezeichnung Ju 52/3m. Während von der einmotorigen Ju 52 nur wenige

Eine Ju 52 auf dem Londoner Flughafen Croydon

Links: In der Kabine der Ju 52

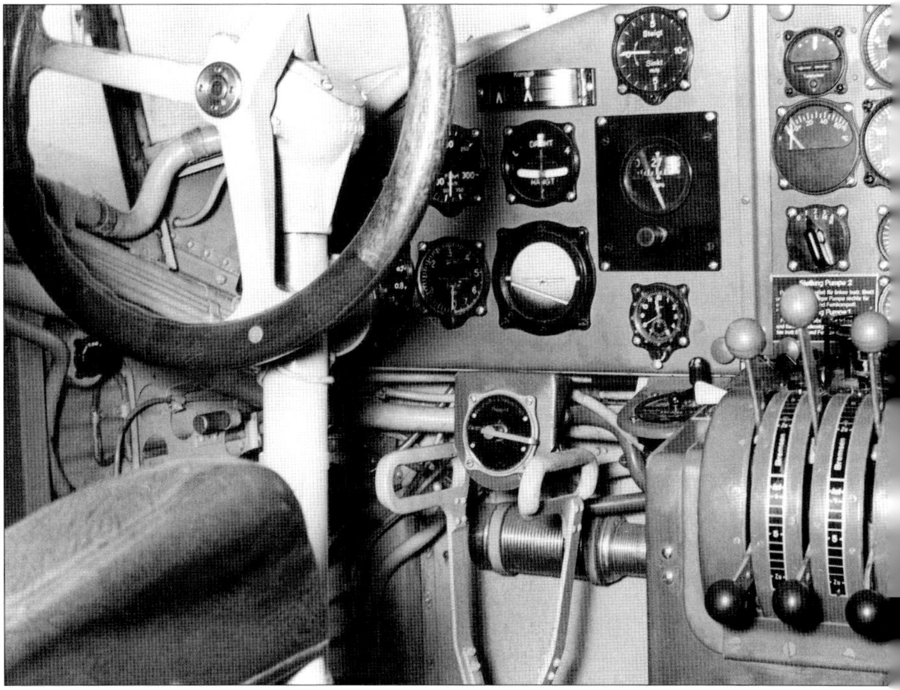

Cockpit der Ju 52 (D-ANOY) „Rudolf von Thüna"

Maschinen gebaut wurden, trat die dreimotorige Variante ihren Siegeszug an.

Im Bereich des Cockpits wird der Betrachter heute mit zwei Varianten der Ju 52 konfrontiert: dem alten, ursprünglichen Cockpit der Maschine und dem Cockpit der restaurierten D-AQUI der Lufthansa.

Auch wenn die deutsche Airline bei der Wiederherstellung der Ju 52 auf möglichst große Orignaltreue Wert legte, hatte doch Sicherheit die größere Priorität. Und eben deshalb erhielt die Ju 52 im neuen Cockpit eine Ausstattung, die auf dem Flugdeck der alten Ju 52 noch nicht eingebaut war. Dazu gehören: Zwei moderne Sprechfunkgeräte, zwei Navigationssysteme zum Anpeilen von VOR-Funkfeuern mit den entsprechenden Radiokompassen, eine doppelte ILS-Empfangsanlage, DME-Empfangsgeräte und ein ADF-Empfangsgerät für ungerichtete Funkfeuer.

Trotz dieser Modernisierung gelang es den Lufthansa-Restaurateuren, die Ausstrahlung des alten Ju-52-Cockpits zu bewahren.

Unterschiede sieht der Betrachter oft erst auf den zweiten Blick. Sie werden vor allem bei den Instrumente deutlich. So liegt heute direkt vor den Piloten an zentraler Stelle auf dem Instrumentenbrett der künstliche Horizont. Diesem Instrument schien man in den 30er Jahren aber noch nicht das Vertrauen entgegenzubringen, das heute selbstverständlich ist. An seiner Stelle befand sich in den alten Ju 52 ein Wendeanzeiger mit Libelle. Erst darunter ist der künstliche Horizont zu sehen.

Bei der neuen Ju 52 gruppieren sich die übrigen primären Fluginstrumente zum klassischen „T". Rechts ist der Höhenmesser angeordnet, links der Geschwindigkeitsmesser, darunter der Kompass.

Bei der alten Ju war dieses System noch nicht gebräuchlich. Rechts vom Wendeanzeiger war ein Kurskreisel angeordnet. Er wurde in größeren Flugzeugen zusätzlich zum Kompass eingebaut. Während dieser seine Bezugsrichtung selbst aufsucht, ist der Kurskreisel nur ein Richtungshalter, an dem der Pilot den gewünschten Kurs einstellt.

Gegenüber dem Magnetkompass bietet er eine von Beschleunigungskräften unabhängige Anzeige, muss aber aufgrund vorhandener Reibungskraft alle 15 Minuten neu eingestellt werden. Links vom Wendeanzeiger ist der Fahrtmesser zu sehen. Der Höhenmesser wurde unterhalb des Fahrtmessers angeordnet, während ein Variometer oberhalb des Kurskreisels liegt.

Bei der neuen D-AQUI befindet er sich auf dem Instrumentenbrett vor dem linken Sitz unterhalb des Höhenmessers. Die Anordnung der Hebel auf der Mittelkonsole erscheint auf den ersten Blick verwirrend. Bei den Gashebeln handelt es sich um die Hebel mit den

Der genaue Blick in das Cockpit der „alten“ Ju lässt die Unterschiede zur D-AQUI der Lufthansa (S. 130/131) erkennen

schwarzen Knöpfen auf der linken Seite der Mittelkonsole. Die nach oben weisenden Hebel mit den roten Knöpfen dienen der Gemischeinstellung.

Mit dem einzelnen, senkrecht nach hinten zeigenden Hebel, erfolgt die Wahl des Kraftstoffbehälters. Bei den drei gelborangen Hebeln, die hinter den Gashebeln angeordnet sind und nach unten weisen, handelt es sich um Bedienelemente für das Höhengas.

DIE DATEN

Junkers Ju 52

Spannweite (m):	**29,25**
Länge (m):	**18,9**
Höhe (m):	**6,10**
max. Startgewicht (t):	**9,2**
Reisegeschwindigkeit (km/h):	**222**
Reichweite (km):	**950**
Besatzung Cockpit:	**2**
Passagier:	**17**
Triebwerke:	**3 x BMW Hornet A 2 Kolbentriebwerke mit je 525 PS**

L 1049 G SUPER CONSTELLATION

L 1049 G SUPER CONSTELLATION

Nach dem 2. Weltkrieg dauerte es nicht lange, bis die kommerzielle Fliegerei, die durch den Kriegsausbruch 1939 so jäh unterbrochen worden war, wieder Länder und Städte miteinander verband. Ein beispielloser Siegeszug des Luftverkehrs begann, eine Entwicklung, die schließlich das Fliegen zu einem erschwinglichen Massenverkehrsmittel für breite Kreise der Bevölkerung machte. Schon bald nach Kriegsende gehörten Langstreckenflüge zum alltäglichen Geschäft der Fluggesellschaften, Reisen, die vor 1939 noch Pioniercharakter hatten. Vor allem über dem Nordatlantik nahm die Fliegerei rasant zu.

Kein anderes Flugzeug symbolisiert diese Zeit so, wie die Lockheed L 1049 Super Constellation. Das gilt gerade auch für die neue Deutsche Lufthansa, die am 26. Juni 1953 vier Maschinen dieses Typs bei Lockheed bestellte. Am 8. Juni 1955 startete der erste Nordatlantikflug des neu gegründeten Unternehmens in Hamburg mit einer Maschine dieses Typs, von Passagieren und Besatzungsmitgliedern gleichermaßen liebevoll Super-Conny genannt.

Eine ganze Generation von deutschen Piloten lernte im Cockpit dieser Maschine das Fliegen in der Verkehrsluftfahrt, wie sie sich nach dem Krieg präsentierte. Dass es sich dabei in der Regel bereits um erfahrene Piloten handelte, spielte zunächst keine Rolle. Die ersten Flüge wurden mit US-amerikanischen Kapitänen geflogen, die die Fluggesellschaft TWA stellte. Deutsche Piloten, so erfahren sie nach Flugstunden auch sein mochten, saßen zunächst nur auf dem rechten Platz des Copiloten, bis Ende März 1956 erstmals eine rein deutsche Besatzung zum Flug über den Nordatlantik startete. Entworfen wurde die Lockheed Constellation bereits 1939, nachdem die Fluggesellschaften TWA und Pan Am Bedarf an einem entsprechenden Flugzeug mit rund 40 Sitzplätzen angemeldet hatten.

Der Erstflug erfolgte am 9. Januar 1943. Nach dem Krieg und ersten Einsätzen des Flugzeugs als Transporter unter der Bezeichnung C 69 begann Lockheed mit der Auslieferung der Maschinen an die Airlines. Die erste Version war die L – 049. Lockheed entwickelte das Flugzeug über immer wieder neue Modelle erfolgreich fort. Die Super Constellation flog erstmals am 13. Oktober 1950. Gegenüber den Vor-

gängervarianten war sie drastisch verlängert und bot 94 Passagieren Platz.

Im Cockpit wurde die Maschine in der Regel von einer fünfköpfigen Besatzung geflogen. Neben Kapitän und Copilot waren Funker, Bordingenieur und Navigator an Bord. Direkt im Blickfeld der beiden Piloten, auf dem Hauptinstrumentenbrett, sind die wesentlichen primären Fluginstrumente wie der künstliche Horizont, Geschwindigkeitsmesser, Variometer und Höhenmesser sowie Anzeigen für die Funknavigation angeordnet. Zwischen den Piloten, auf dem Instrumentenbrett, befinden sich die Anzeigen für die Triebwerke. Auf der Mittelkonsole sind die Gashebel für die Triebwerke zu sehen, zwischen den Trimmrädern, die an den Außenseiten des Centre Pedestal laufen. Hinter dem Sitz des Copiloten, seitlich zur Flugrichtung schließt sich auf der rechten Seite im Cockpit der Arbeitsplatz des Flugingenieurs an, an dem ebenfalls Gashebel für die Triebwerke installiert sind.

In das Arbeitsfeld des Bordingenieurs gehört unter anderem die Überwachung und Steuerung der Tank-, Hydraulik- und Elektriksysteme der Maschine.

Lockheed L – 1049 Super Constellation in den Farben der Lufthansa

DIE DATEN

Lockheed L – 1049 G

Spannweite (m):	**37,49**
Länge(m):	**34,62**
Höhe (m):	**7,54**
max. Startgewicht (t):	**60,38**
max. Reisegeschwindigkeit (km/h):	**530**
max. Reichweite (km):	**7700**
Besatzung Cockpit:	**5**
typische Passagierbelegung:	**94**
Triebwerke:	**4 x Curtiss-Wright R-3350 Kolbentriebwerke mit je 3250 PS**
Verbrauch:	**1720 l/h**

VICKERS V 814

BLUE LEFT
ZR ALT CORR
ON
OFF
SPERRY
ZERO
READER
OFF VALVE
SHUT
BROMIDE
OIL
PRESS LOW
OPEN
FIRE WARN
TEST
EXTEND
OFF
RETRACT
FLAPS
UP
DOWN
X100
EXH
CLIMB
BANK
OIL
DATUM
DECREASE

VICKERS V 814

Bei der Vickers Viscount handelt es sich um das erste Verkehrsflugzeug, das mit Propellerturbinen in den Liniendienst ging. Die Maschine entwickelte sich in ihrer Zeit zu einem Verkaufsschlager für die britische Luftfahrtindustrie und gehörte insbesondere in den 50er und 60er Jahren zum alltäglichen Erscheinungsbild auf vielen Flughäfen der Welt, wegen ihrer Verlässlichkeit gleichermaßen von Passagieren, Besatzungen und Airlines geschätzt.

Die erste Produktionsausführung, die V 700, absolvierte ihren Jungfernflug am 28. August 1950. Die Fluggesellschaften konnten beim Kauf des Flugzeuges zwischen vier Grundversionen, der 700, 700 D, 770 D und 771 D wählen. Die 700 D wies dabei gegenüber der 700 leistungsgesteigerte Motoren auf. Nordamerika stellte für die britischen Vickers Flugzeugwerke einen wichtigen Markt für die Maschine dar. Entsprechend handelte es sich bei der 770 D um eine Variante, die so ausgelegt war, dass sie ein US-Lufttüchtigkeitszeugnis erhalten konnte. Bei der 771 D schließlich handelte es sich um die Luxusausführung des Flugzeuges. Sie enthielt alle Ausrüstungsmerkmale, die die Airlines bei den anderen Modellen als Zusatzausstattung bestellen konnten. Dazu gehörten ausfahrbare Passagiertreppen, Bremsen für die Luftschrauben, eine Bodenheizungsanlage, ein Gepäckraum in der Kabine und eine Ausstattung mit zwei Toiletten. Angeregt durch den Erfolg des Flugzeuges entwickelte Vickers die Maschine weiter. Dabei verlängerten die britischen Flugzeugbauer den Rumpf, der um 1,17 m gestreckt wurde.

Die so entstandene Vickers Viscount 800 flog am 27. Juli 1956 zum ersten Mal. Der Prototyp der Serie -810 hob am 23. Dezember 1957 zu seinem ersten Flug vom Boden ab und wies gegenüber der -800 stärkere Triebwerke, strukturelle Modifikationen und ein erhöhtes Startgewicht auf. Die Produktion der Maschine lief im Jahr 1964 aus. Auch auf deutschen Flughäfen war die Viscount oft zu sehen. Die Deutsche Lufthansa hatte das Flugzeug von 1958 bis 1971 in ihrer Flotte. Angetrieben wurden die Maschinen von vier RollsRoyce-Dart-Turbinen, die jeweils 1830 PS leisteten.

Das Cockpit des Flugzeuges ist eng und ein typisches Beispiel für die Auslegung eines Flugdecks der 50er und 60er Jahre. Geflogen wurde die Viscount von einer Zwei-Piloten-Besatzung. Bei der grundsätzlichen Auslegung des Cockpits sind viele Anzeigen und Bedienelemente bereits so installiert, wie man es in einem Flugzeug der Gegenwart genauso finden würde. Das gilt für die Überwachungsanzeigen der Motoren, die mittig auf dem Instrumentenbrett angeordnet wurden, genauso wie für die Trimmräder neben der Mittelkonsole, die Schubhebel oder die Bedienelemente für den Autopiloten – der große Schalter in der Mitte des Lightshield Panel. Vor den Piloten befinden sich die

primären Fluginstrumente. Die Anordnung vor dem Copiloten und dem Kapitän wurde nicht exakt identisch gewählt, wenn auch das grundsätzliche Informationsangebot vergleichbar ist.

Wie heute auch noch blicken beide Piloten direkt vor sich auf einen künstlichen Horizont. Rechts davon sieht der Copilot einen Variometer, links ist der Höhenmesser installiert. Darüber befindet sich ein Fahrtmesser, darunter noch ein Wendeanzeiger mit Libelle. Dazu kommen mehrere Funkkompass-Anzeigen, die beim Copiloten rechts außen angeordnet sind. Auf dem Instrumentenbrett des Kapitäns ist der Höhenmesser ebenfalls links vom künstlichen Horizont installiert. Darüber befindet sich, wie auch vor dem Copiloten, der Fahrtmesser. Das Variometer aber wurde links vom Höhenmesser platziert.

Die Lufthansa hatte die Viscount von 1958 bis 1971 in Dienst

DIE DATEN

Vickers V 814 Viscount

Spannweite (m):	**28,70**
Länge (m):	**26,10**
Höhe (m):	**8,2**
max. Startgewicht (t):	**32,8**
Reisegeschwindigkeit (km/h):	**540**
max. Reichweite (km):	**1555**
Besatzung Cockpit:	**2**
typische Passagierbelegung:	**64**
Triebwerke:	**4 x RollsRoyce Dart Propellerturbinen mit je 1830 PS**
Treibstoffverbr. im Reiseflug (l/h):	**1700**

NUR FLIEGEN IST SCHÖNER!

Die modernen Jetliner setzten sich mit ihrer überlegenen Leistung sehr schnell auf allen Luftstraßen der Welt durch. Reich illustriert, erzählt dieses Buch von der großen technischen Revolution der Zivilluftfahrt.

M. W. Bowman
Jetliner
112 S., 157 Abb.,
Format 24 x 30 cm
ISBN 3-7654-7229-8

Dieses Buch zeigt in vielen faszinierenden Farbfotos die Jet-Fighter aus drei Jahrzehnten. Kurze prägnante Texte vermitteln die wichtigsten Informationen über diese Hochleistungsflugzeuge.

M. W. Bowman
Düsenjäger
112 S., 136 Abb., Format 24 x 30 cm
ISBN 3-7654-7231-X

Dieser Band zeigt Militärjets in atemberaubenden Action-Aufnahmen. In Text und Bild ist der Leser dabei, wenn die Besatzungen zum Formationsflug aufbrechen.

G. Siem
Jets am Limit
128 S., 140 Abb., Format 24 x 30 cm
ISBN 3-932785-83-5

Die DC-8 gehört zu den Pionieren des Jet-Zeitalters. Das Buch zeigt Entwicklung und Einsatz einer Flugzeug-Legende. Kenntnisreich geschrieben und hochwertig illustriert!

B. Vetter
Douglas DC-8
128 S., 150 Abb.,
Format 24 x 24 cm
ISBN 3-932785-86-X

Als erster leistungsfähiger Langstrecken-Jet war die Boeing 707 lange Jahre die Königin auf allen Luftstraßen. Mit diesem Flugzeug begann nicht nur die Jet-Ära des zivilen Luftverkehrs.

H.-J. Becker
Boeing 707
128 S., 130 Abb.,
Format 24 x 24 cm
ISBN 3-7654-7227-1

Die Zeppeline, Giganten der Lüfte, waren die Technik-Sensation des frühen 20. Jahrhunderts. Dieser reich illustrierte Band nimmt uns mit auf die Weltfahrten der „Deutschen Luftschiffahrts-Aktiengesellschaft" (Delag) der Jahre 1899 bis 1932.

G. Siem
Mit dem Zeppelin um die Welt
128 S., 110 Abb., Format 24 x 30 cm
ISBN 3-932785-84-3

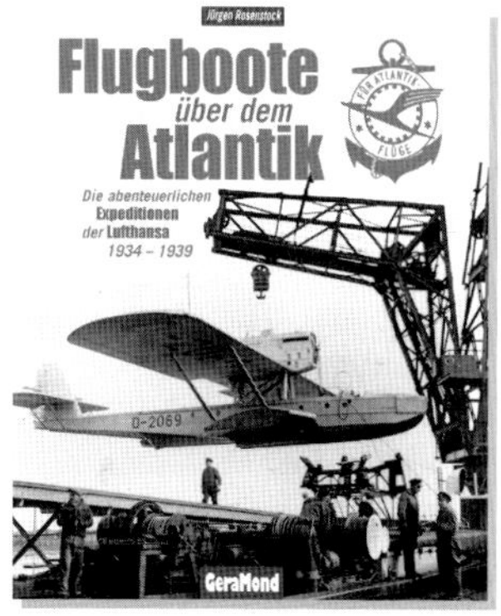

Mit Flugbooten, die von Katapultschiffen aus starteten, baute die Lufthansa die Luftpoststrecke über dem Südatlantik auf. In zeitgenössischen Illustrationen erinnert das Buch an eine der größten Pionierleistungen der Lufthansa für die zivile Luftfahrt.

J. Rosenstock
Flugboote über dem Atlantik
128 S., 110 Abb., Format 24 x 30 cm
ISBN 3-7654-7225-5

IHR KOMPETENTER PARTNER FÜR LUFTFAHRT-BILDBÄNDE UND VIELES MEHR!

GeraMond **IN IHRER BUCHHANDLUNG!**

www.geranova.de